陳共銘 // 專業手感

極品風味麵包
─全書─

獨門研發手感風味　感動加倍配方大公開

麵包王子
陳共銘──著

Preface

麵包的融合性極強，運用基本的素材調配，將麵粉本身的風味提引出來，就可以帶出深層獨特的韻味；加上不同成形的手法變化出口感層次，就成了各式不同風味質地的美味麵包。

就如大家所知，一連串的工序製作中影響口感風味好壞的主要重點，取決於麵團。因為微小的差異就能讓味道產生戲劇性的變化，這點非常重要，因此我再三強調，關注麵團各階段的彈力、光滑、細緻度等狀態的重要性，因為在最適當的時間給予最適當的調整處理，才能讓麵團呈現該有的細膩風味，這是美味麵包製作的定理，也是追求絕佳口感的基本。

這次在《陳共銘 專業手感極品風味麵包全書》裡，延續風味特色為主題，用材料突顯自然風味為原點，結合直接、中種、液種熟成的隔夜法，與天然酵母的製法運用，給予足夠的發酵熟成時間，以造就出食材原始深層的杏氣風味…這種由時間誘發出麵包原味的最佳風味之工法，儘管耗時費工，但回歸時間淬鍊得到的口感，就是有截然不同的深度風味。書中收錄的麵包，都是讓我樂在其中的風味，全是以追求細節、有所堅持的麵團風味，也是讓我自豪的麵包滋味。

雖然書中不乏有高手級的困難製作，但也請務必不要退怯的試著挑戰它。經由實際動手的嘗試，體驗過程中的細節關鍵，對製作的過程逐步深入探知，才能真正的有所獲進而上手，這也是從入門到成就專業的不二法門，沒有別的捷徑。

麵包的世界永無止境，了解麵包製作的原理，美味麵包自然就能掌握在您的手裡，我如此深信；也期許自己以找尋這份美味為至始不變的使命。最後期望大家都能在製作的過程中，感受到單純而美妙的原味，由衷期盼，這本書能在這樣的前提上帶給大家成就感！

陳共銘

Contents

手感
風味。

純粹自然的幸福況味

運用長時發酵，醞釀特有的深層香氣，
用心呵護，延續天然酵母的充沛發酵力。

以獨具的酵母風味，提引小麥粉的甜味香氣，
透過雙手接觸，感受麵團的微妙變化，記憶觸感差異，
藉由手中溫度傳遞，成就洗鍊深邃的質地美味。

從自製酵母提升風味層次，親手揉搓塑型，到熱騰騰的出爐…
與您一起分享一種屬於慢釀的獨特芳香與熟成韻味。

享受，一種來自手感烘焙，
有溫度、有感動，純粹的自然況味。

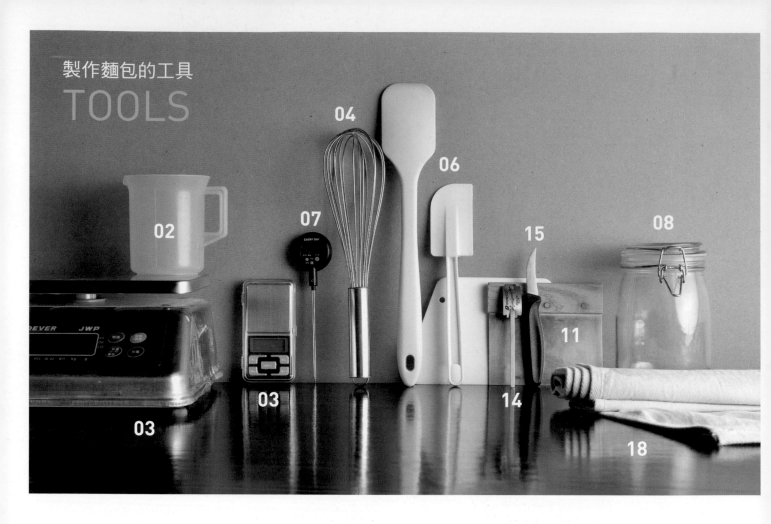

製作麵包的工具
TOOLS

01 桌上型攪拌機

攪拌混合材料不可或缺的攪拌器。附有不同功能的攪拌器可視操作用途搭配。

02 量杯

具易辨識的刻度,可用來量測液體。基本的1量杯約為240毫升。

03 電子磅秤

量秤材料的基本配備,選用以1g為單位的電子磅秤,能更精準的量測出精細的分量。也有可量測到微小分量用的量秤。

04 打蛋器

攪拌打發或混合麵糊材料使用必備,常搭配調理盆使用。

05 擀麵棍

用於麵團擀平延壓,或整型麵團時將麵團中的氣體排出等操作時使用。

06 橡皮刮刀

拌合材料或刮淨附著在容器內壁上的材料使用,選用彈性高、耐高溫材質較佳。

07 溫度計

用於測量麵團的發酵溫度,以及隔水融化巧克力等測量溫度。

08 玻璃容器(帶蓋)

帶蓋、可密封的容器,用於培養水果酵母液的使用。

09 粉篩

過篩粉類篩出雜質異物,使粉類均勻更易吸收水分,或烘烤前篩粉做造型使用。

10 發酵籐籃

可用於發酵歐式麵包,能使麵團表面形成紋路,使用前需先在籐籃裡撒上高粉避免沾黏。

11 切麵刀、刮板

用在切拌混合材料、刮取附著容器內側的麵糊、分割麵團等。

12 計時器
方便發酵、烘焙時間的掌控，準確的掌握各階段時間。

13 三角擠花紙／擠花袋
在麵團表面擠上外層麵糊做造型，或在麵包當中擠入餡料做內餡時尤其方便。

14 割紋刀
用在麵團表面的切割割紋。薄且銳利的刀片，可割劃出漂亮的痕跡紋路。

15 小刀
同割紋刀一樣都是用在麵團表面的紋路刻劃使用。

16 剪刀
用在麵團表面的裁剪花紋，如麥穗麵包之類較深的切口割紋，可用剪刀最為適合。

17 毛刷
在表面塗刷蛋汁等塗醬使用，刷蛋汁可增加麵包的光滑色澤、防止水分流失。

18 發酵帆布
用於麵團中間發酵覆蓋，或最後發酵折出凹槽、覆蓋，避免麵團乾燥，並可吸收麵團多餘的水分、也能防止麵團變形。

19 涼架
放置剛出爐的麵包使其降溫使用，讓多餘的熱氣蒸發，不會積壓在底部凝結成水氣。

20 發酵用容器
帶蓋、可密封的方型容器，可利於麵團的發酵。加蓋能有效避免麵團乾燥。

製作麵包的材料
INGREDIENTS

01 法國粉
製作法國麵包的專用麵粉,可使穀物自然的香味呈現,適用口感紮實的硬式麵包。

02 杜蘭小麥粉
Durum為最硬質的小麥。粗磨的杜蘭小麥,具高量蛋白質、高筋性,帶有獨特的麥香味及色澤。

03 全麥粉
帶有胚芽和麥麩製成的麵粉,保有小麥純粹樸實的香氣和味道,常與高筋麵粉混合使用。

04 裸麥粉
裸麥研磨製成,不易產生筋性,揉好麵團黏手,製成的麵包紮實而厚重,具獨特的風香氣與酸味。

05 穀物粉
含多種高纖穀物小麥,色澤深、麥香味佳,營養價值高,帶有強烈風味。

06 蕎麥粉
呈棕褐色,帶有醇厚的麥香,含豐富營養,可與麵粉搭配運用。

07 杏仁粉
烘焙用杏仁粉,可增加製品的口感及香氣,適用麵包、西點或內餡的製作。

08 速溶乾酵母
不需事先溶水做預備發酵即可直接加入麵粉材料中混合使用。其發酵力約為新鮮酵母的3倍。

09 高筋麵粉
蛋白質的含量多,與水揉和可產生筋性,形成具有彈性的強韌組織,可做出膨鬆有彈性的麵包。

10 新鮮酵母
又稱濕酵母,呈淺棕色塊狀,可直接與材料混合攪拌,含水量較多,必須冷藏保存。

11 細砂糖
可幫助發酵,增添麵團的甜味,以及麵包烘烤的顏色及香氣,並能防止麵包變硬、老化和失去風味。

12 黑糖
具有特殊的濃郁香甜氣味,粉末狀較固體狀方便使用。

無花果乾　龍眼乾　藍莓乾　松子　蔓越莓乾
核桃　乾燥香蔥　蜜漬橘皮絲　芒果乾　19
夏威夷豆
可可脆片　鳳梨乾　黑橄欖　荔枝乾　蜂蜜丁　葡萄乾　22

13 蜂蜜

具特殊香氣風味，能使製品質感濕潤，並增添漂亮的烘烤色澤效果。

14 鹽

用於增加麵包的鹹味，以及調節麵團的發酵促使穩定，活化麩質的形成；加過量則會抑制酵母作用。

15 芙克黑雪花鹽

鹽分會收縮麵團的筋質，可讓麵包的口感變得更加紮實；不同風味的天然鹽，可做出不同風味的麵包。

16 蛋

具有讓麵團保有濕潤及鬆軟口感，增添營養及風味的效果。塗刷麵團表面，有助於麵包光澤的呈現。

17 無鹽奶油

可增進麵團的延展性促使麵團膨脹柔軟，形成富彈性的鬆軟麵包。

18 奶油乳酪

Cream Cheese，帶有細緻的濃醇乳酸味，與水果乾非常對味，可拌入麵團或調製作抹醬、內餡使用。

19 煙燻乳酪

帶有特殊的煙燻香氣，常加在麵團裡使用，增添風味香氣。

20 鮮奶

能取代水加入麵團中增加麵包的濃郁口感與香味，提引麵包的風味及潤澤度，使表皮的上色更加美觀。

21 動物性鮮奶油

從牛奶分離出來的液體乳脂肪，乳味濃郁香醇，用來製作口味濃郁的麵包。

22 巧克力

有不同形態可使用。鈕扣狀的巧克力直接隔水融化即可使用，不須再切碎。

23 其他（堅果、果乾）

堅果、果乾材料和麵包非常的對味，加入麵團中烘烤，可提升麵包的芳香風味和口感，是變化麵團風味不可或缺的食材。

麵包製作的基本原則

開始前，先認識麵團製作的基本原理，了解各種麵團的屬性。

掌握麵包製作的基本流程：

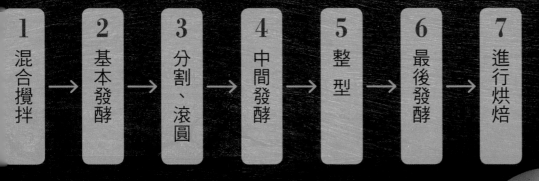

1 混合攪拌 → 2 基本發酵 → 3 分割、滾圓 → 4 中間發酵 → 5 整型 → 6 最後發酵 → 7 進行烘焙

充分了解麵包的製作打好基礎，就能活用在各種麵包的製作與享用。

製作之前
* 麵團發酵所需時間，會隨著季節及室溫條件不同而有所差異，製作時請視實際狀況斟酌調整。
* 計量要正確、水量可視實際情況斟酌調整！處理麵團時要輕柔小心；發酵時表面要覆蓋保鮮膜，不可讓麵團變乾燥。
* 每種麵包各有不同特色，完成的製品口感風味附加記號標示，彈性、香味、嚼勁，提供參考。

麵團製作的基本技巧

想做出好吃的麵包，用對的製作方式很重要。
本書當中的麵包製作方式包括：直接、中種、隔夜中種、隔夜液種，以及自製天然酵母等製作。
每種麵包製法各具特色，了解基本的發酵製作方式，
依據麵包的特性以適合的方式，讓您輕鬆製作出不同口感的美味麵包。

1 水合法

水合法（Autolyse）又稱自解法。此法最初僅是揉和材料中部分的粉類、水，放置一段時間，再添加酵母、鹽等其他材料，並再次揉和的製作方法。此法可讓粉粒充分的吸收水分，發展筋度（水合作用），能使製成的麵團延展性變佳。適合用在混合高比例穀物粉的製作，可提升其保水度，製成的麵包口感潤澤不乾燥。

2 自製天然酵母

利用天然的穀物、蔬果，從中培養菌種，即為自製天然酵母。簡單來說，也就是先用蔬果穀物來培養酵母液（初種），再以酵母液（初種）混合麵粉製作成原始酵種，之後定期添加麵粉與水來餵養，維持天然酵母發酵種的活性。自製天然酵母有其獨特的香味及發酵力，活用天然酵母能做出麵包獨特風味。

3 液種法

液種法，是將材料中部分的麵粉、酵母、水混拌，以低溫長時發酵，做成高含水量的液態酵種後，次日再添加入其餘的材料再次揉和的製法。具促進水合作用，能縮短主麵團發酵的時間，做好的麵包質地細緻、帶濃郁小麥香氣，最能呈現出麵包本身的小麥香氣。非常適合硬質、低糖油成份配方的麵包製作。

5 直接法

將所有材料以先後順序加入一次攪拌完成後發酵的製作方式。麵粉的風味與發酵讓麵團更容易釋出豐富的小麥香，適合副材料較少、口味單純的麵包。由於發酵時間較短，製成的麵團老化的速度較快，特別是外層容易變硬。

4 中種法

將材料分成兩階段攪拌，再放置一段時間發酵的製法。先將部分材料混合發酵做成中種麵團，再加入其他材料一起攪拌，使其發酵完成製作。長時間的發酵與二次攪拌讓麩質的延展性變得更好。而由於發酵時間長，促進澱粉糖化，因此麵團會產生特有的深層風味，除外做好的製品具份量感，柔軟的內層也較不易硬化，更具保存性。相較於直接法，麵粉的風味雖然沒那麼濃郁，但適合用來製作副材料較多、口味豐郁的麵包。

6 隔夜法

長時間讓麵團徐緩發酵的製法。緩慢進行的發酵醞釀出豐富的發酵成分，蘊含其中的甜味與發酵更增添麵包的風味和香氣。相較於直接法，此法做出的麵團，保存期限長。像是使用隔夜法製作的歐法麵包麵團，在揉麵完成後放入冰箱冷藏一晚，讓麵團慢慢發酵，隔日再取出製作成型。如此不會因錯誤的揉麵方式而損及麵團，烘烤成的製品表面酥脆、內部軟香，且不易老化。

麵包製作的基本流程

製作麵包是一連串相扣的工序過程，從混合材料攪拌、發酵、整型到最後的烘烤，
隨時都應注意麵團的狀況變化，並適切的做出相應處理。
這裡從基本麵團的攪拌開始到完成烘烤，教您麵包的製作重點訣竅，完全掌握美味的關鍵。

1 量秤材料

正確的量測準備
好麵粉、水、酵
母、鹽等製作麵
包的基本材料。

2 前置處理

粉類材料可事先備好冷
藏讓粉料吸足水氣，可
達到降溫的效果（利用
食材本身即可發揮達到
降溫的效果，盡量避免
用冰塊）。

3 攪拌麵團

將乾性材料（油脂除外）攪拌混合成團，再加入奶油攪拌
至完全融合，麵團漸漸轉成柔軟有光澤具彈性。

4 攪拌完成

攪拌至產生筋性，拉薄的麵團薄膜光滑，富有良好彈性延
展性，就表示攪拌完成。

5 基本發酵

將攪拌好的麵團放置方形容器內，蓋上蓋靜置發酵。

6 翻麵排氣

將麵團取出輕輕的拍壓，以三折疊法翻面，再放入容器內
繼續發酵。

7 分割

用切割刀將麵團分割為所需的重量、份數。

8 滾圓

分別將麵團搓揉塑形成表面光滑有張力，底部接合口用手指確實捏緊。

9 中間發酵

將麵團有空隙地放置，表面覆蓋保鮮膜避免麵團乾燥，讓麵團靜置發酵。

10 整型

將麵團透過整型手法塑出所需的形狀。

11 最後發酵

再讓整型好的麵團最後發酵（輕觸表面還有點張力）即表發酵完成。

12 烘焙、裝飾

放入已預熱的烤箱烘烤，出爐後立即取出置放涼架上放冷卻。

A 攪拌製作麵團

麵團的基本製作→混合攪拌

粉類混合水充分攪拌後，會形成具黏性彈力的網狀薄膜組織（麩質薄膜），發酵後能使麵團膨脹且變得柔軟。製作麵團時要確實掌握麵團攪拌後產生的麵筋網狀結構狀態再接續基礎發酵動作。但麵包中各有不同屬性，有硬質、軟質、具膨鬆感等等，依不同的特性攪拌程度也有所差別。

1　　　　2　　　　3

混合攪拌

將材料放入攪拌缸中，先用慢速攪拌混合材料至粉類完全吸收水分。

※水量的調節應視粉類混和的情況調整，避免麵團太過濕黏的情形。

拾起階段

攪拌到所有材料與液體均勻混合，略成團、外表糊化，表面粗糙濕黏，不具彈性及伸展性，還會黏在攪拌缸上。

※攪拌過程麵團還處黏糊狀態，可用刮板刮淨沾黏缸內的麵粉攪拌均勻。

※用手拉起麵團表面粗糙濕黏，不具彈性及伸展性。

麵團捲起

麵團材料完全混合均勻，成團、麵筋已形成，表面仍粗糙無光滑感，麵團在攪拌缸，會勾黏住攪拌器上，拿取時還會黏手。

※奶油會影響麵團的吸水性與麵筋擴展，必須等麵筋的網狀結構形成後再加入，否則油脂會阻礙麵筋的形成。

4

麵筋擴展

攪拌到油脂與麵團完成融合,麵團柔軟有光澤、具彈性,用手撐開麵團會形成不透光的麵團,破裂口處會呈現出不平整、不規則的鋸齒狀。

※用手拉出麵皮具有筋性且不易拉斷的程度。用手將麵皮往外撐開形成薄膜狀時,可看到其裂口不平整且不平滑。

5

完全擴展

麵團柔軟光滑富有良好彈性、延展性,用手撐開麵團會形成光滑有彈性薄膜狀,破裂口處會呈現出平整無鋸齒狀。

※用手撐開麵皮,會形成光滑的薄膜形狀且裂口呈現出平整無鋸齒狀的狀態。

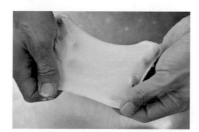

以麵筋膜確認揉麵是否完成

將麵團輕輕擴展拉薄,以麵筋薄膜的狀態來確認攪拌是否完成。若能透見另一側麵皮而不破裂的,攪拌麵團的作業才算完成。

水的溫度

為了讓麵團在攪拌完畢時,能達到理想的發酵溫度,會就不同的季節將添加的水分調整至適合的溫度。水溫的調節,春季、秋季可用水約 8℃,夏季的水溫略低約 4℃,冬季的水溫略高約 12-16℃左右。

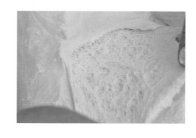

攪拌完成的理想溫度

麵團攪拌完成的溫度需保持在適合酵母作用的溫度(約 25-28℃)。若攪拌完成的溫度有過高或過低的情況,可視實際狀況來調整發酵時間。例如:溫度偏低時,可調整發酵時間(比預定時間再稍長些);若攪拌完成的溫度過高時,就得縮短預定發酵的時間。

B 麵團的各階段發酵

1 充分的發酵→基本發酵

麵團發酵時麵筋組織會吸收麵團內的水分，麵團表面會因而變乾燥，因此可將麵團放置在容器中蓋上蓋子，或用塑膠袋或保鮮膜緊密覆蓋，放置室溫待其膨脹至約原本麵團的 2-2.5 倍大左右，並可透過適度的拉扯麵團，感受麵團的彈力狀態作為是否完成基本發酵的判斷標準。

麵團發酵良好的狀態

發酵良好的麵團表面呈細緻光滑（水分完整保留在麵團中），麵團質地輕盈、不沉重（空氣平均分布整個麵團中），具有彈性有張力。

1　攪拌好的麵團放置容器內做基本發酵。　　2　發酵完成的麵團筋度緊實。

選用適合的發酵容器

麵團是以膨脹來增加體積，所以放置的容器應就麵團份量大小選用，避免麵團發酵時溢出容器外。基本上容器應為麵團的 3-4 倍大，以麵團 1500g 為例，使用的容器尺寸可為 34cm× 寬 25cm× 高 15cm。

1　將攪拌好的麵團裝放在方型容器中。　　2　蓋上上蓋避免麵團乾燥。

過程中的翻麵→壓平排氣

翻麵（壓平排氣），也就是以手輕拍打麵團將基礎發酵產生的氣體排出，接著再由折疊翻麵包覆入新鮮空氣，把表面發酵較快的空氣壓出，使底部發酵較慢的麵團能換到上面，達到表面與底部溫度平衡。穩定完成發酵，可讓麵團質地更細緻、富彈性（若是發酵狀況快、慢混雜，則會形成不安定的麵團）。

三折疊的翻麵方法

折疊翻麵的步驟可穩定麵團的溫度，促進麵團的發酵、強化麵筋；而將麵團放入適合大小的發酵容器裡也能使麵團發酵力向上提升，讓麵團的彈性變得更好。

1　用手輕拍按壓麵團。　　2　將麵團一側折疊起 1/3。

3　再將另一側也折疊起 1/3。　　4　將整個麵團翻面，使折疊收合的部分朝下。

5　置放容器內蓋上蓋發酵。

2 足夠的鬆弛→中間發酵

滾圓後的麵團會稍呈緊縮，再經過靜置發酵，可解緩麵團內緊縮的麵筋組織，讓麵團回復應有的延展性及彈性，可利於後續的整型操作。若沒有足夠的靜置鬆弛時間，硬是拉扯麵團伸展，會造成麵團表面破裂的情況。鬆弛的期間，發酵仍持續進行中，為了不讓麵團的水分蒸發變乾燥，表面可覆蓋濕布（或利用塑膠袋、保鮮膜）。鬆弛的時間，依據麵包的種類和氣溫，時間各有不同，基本上大約在 20 分鐘左右，此時也可用手指輕壓麵團判斷，若麵團表面的張力變得有點鬆弛即可。

麵團覆蓋塑膠袋靜置，避免麵團乾燥。

手粉的使用

在翻麵、切割、滾圓或整型時，為了避免麵團沾黏（不傷及麵團），好拿取操作，可在工作檯面或麵團表面適當的撒上手粉，但要注意儘可能用和麵團一樣的麵粉作

為手粉使用，且用量不宜過多，否則會改變麵團狀態。

徹底捏緊收口

麵團的收口要徹底捏緊收合，否則會使膨脹度變差，且若是包有餡料，則易發生內餡外露的情形，若是歐法麵包類型，其表面切割裂紋也會變得不美觀。

3 足夠的發酵→最後發酵

整型後的麵團，需藉由重新發酵，讓麵團恢復柔軟彈性，才能烘烤出漂亮的製品；若沒有充分的發酵，麵團在烘烤時無法延展，就無法形成鬆軟膨脹的麵包；反之發酵過度時，則會烤出形狀歪斜，或者外型塌陷的麵包。

利用發酵布

1 為避免發酵的麵團沾黏一起，可將發酵布折出凹槽，以隔開左右兩側。

2 表面覆蓋上發酵布可防止麵團乾燥。

最後發酵

Before　　　　　After

Before　　　　　After

C 麵團的基本分割

# D 麵團的整型手法

分割後滾圓→分割&滾圓

將基本發酵完成的麵團,分割成所需的重量、等份。因應麵包的成型不同,分割的形狀會有不同,像是細長形的成品,都會切成橫向的長方形,圓形成品,則會切成方形等。不論分割成什麼形狀,分切麵團時要一次迅速切開,注意盡量避免按壓、拉扯對麵團造成損傷,分切後隨即整圓,確實把底部接合口捏緊密合朝下放置。

分割

將麵團邊分切邊量測每個麵團的重量,使麵團重量一致。

用刮板垂直刀口下切,分割成所需的重量大小。

滾圓

將切割好的麵團滾圓,使其表面呈光滑張力。

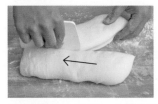

小麵團滾圓。按壓排出空氣,用手掌包覆住麵團,在檯面輕輕做圓圈狀的搓動,塑成表面光滑的圓球狀。

大麵團滾圓。按壓排出空氣,雙手輕扣在麵團前端往部底內推移動讓麵團形成光滑的表面。

外觀造型→整型

將麵團滾圓、揉捏,塑整出麵包外觀造型。不同的形狀各有其獨特之處,形狀不同,口感也有所不同。基本的圓形、長形、橄欖形等整型外,劃切割紋、模型,也是賦予於特色外觀的手法。

劃切刀紋

烘烤前在麵團表面切割刀口,能讓麵團釋放多餘的氣體,不會讓麵團在烘烤時因膨脹而破裂產生裂紋;此外並有助於溫度的傳遞,能使麵團充分受熱,維持均勻的膨脹狀態,讓烘烤出的麵包形態更加美觀。

切割時不要和麵團呈直角的切割,要呈微傾斜並且用邊角切割,切割成的線條紋路會比較漂亮。

塗刷蛋液

用毛刷沾取蛋液塗刷麵團表面,可讓麵團烘烤出來的顏色看起來更加可口美觀。主要用於鬆軟系的麵包。塗刷蛋液時力道要輕柔,避免傷及麵團。至於塗刷全蛋液、蛋黃液或是蛋白,則需視麵包特性而定。只塗刷蛋白烘烤完成的薄膜會變硬,若是蛋黃液,則容易有燒焦的狀況,必須特別的留意。除非特殊情況,一般以使用全蛋液為主。

塗刷蛋液時力道要輕柔,避免傷及麵團。

E 烘烤成型&裝飾

烘烤成型→烘烤、裝飾

塗刷蛋液、劃切割紋、撒上裝飾用粉等步驟，基本上都是放入烘烤前的操作。最後裝飾後就可直接放入烤箱烘烤，但務必要注意的是烘烤前需先將烤箱預熱到所需的溫度。而為了讓成品均勻受熱上色平均，烘烤過程中應視實際狀況將烤盤轉換方向、交換位置來調整。

不同類型的烘烤方式

蒸氣烘烤

高溫蒸氣的注入不但可避免外層硬化，還能提高麵團的膨脹效果。此外麵團的外層也會變得更加酥脆且充滿光澤，是歐式硬質麵包的烘烤方式。蒸氣的階段分為麵團放入烤箱前注入的煎蒸氣，以及放入烤箱後的後蒸氣。

一般烤箱烘烤

使用家用烤箱則可在烘烤前，透過幾個操作來加強達到烤出酥脆外皮。

◎ **方法**：利用重石（或小鵝卵石）裝放金屬容器中放入烤箱內先加熱預熱，待預熱的溫度到達時再加入熱水於容器中，同時放入麵團，讓烤箱內部產生蒸氣效果，使麵團能在高溫、充滿蒸氣的狀態下烘烤。

調整烤盤位置

烤箱內部的溫度不平均，因此烤焙中會將烤盤調頭轉向，讓麵團能受熱平均，烤出均勻色澤。基本上一般麵包，轉向的時間約取決在總烘烤時間的 2/3，吐司類取決時間約為總時間的一半時（例如，總烘烤時間為 30 分鐘，則先烤 15 分鐘，然後轉向再烘烤 15 分鐘）。

F 麵包的食用保存

美味食用→食用、保存

烘烤完成的麵包，應儘速由烤盤中取出放置涼架散熱冷卻；用模型烘烤的吐司，出爐後則必須連同模型先重敲後立即脫模、放冷卻，讓多餘的水分能順利散發，避免水蒸氣堆積而致使麵包底部呈現濕軟的狀態，造型麵包的折腰塌陷。

出爐放冷卻

- 烘烤完成的帶模麵包，出爐後則需連同模型重敲後立即脫模、放冷卻。
- 烘烤完成的麵包，應盡速由烤盤中取出放置涼架散熱冷卻。

麵包的美味食用

- 調理類、甜鹹麵包，像是含有美乃滋、奶油餡、水果餡等，保存不易，且經冷凍再解凍後易有離水現象，口感質地會變差，當日食用完畢最佳。
- 吐司麵包、法式麵包成份單純的麵包，可用冷凍方式保存約 7 天。保存時用材質稍厚塑膠袋、或密封盒裝好，冷凍保存（避免冷藏，水分會蒸發質地變乾硬）。
- 布里歐類等糖、油量高製品，包好冷藏約可保存 2 天。

美味不流失的回烤法

冷凍保存的麵包，食用前取出放置室溫下解凍後，放烤箱中稍微烘烤即可。質地稍硬的法國麵包，烤前在表面稍微噴上水霧，再放烤箱回烤即可，與味道重的甜食醬料或果醬都很對味。

Breads. 1

滋味迷人的
人氣歐法麵包

以單純的麵粉混合不同比例穀物粉製作，
獨特的麥粉香、長時間發酵孕育出深具層次的迷人風味。
酥脆外皮的口感下，有著柔軟、Q彈、嚼勁的內心質地，
越嚼越是嚐得到麥香的樸實原味與熟成後的香味，
風味絕佳的口感風味，讓您再次發現自然麥香的天然魅力！

王者之冠

利用隔夜種來加強麵團的筋度提升膨脹力，
表面沾覆特殊香氣的椰子粉、剪出小刀口，
無論視覺或味覺都是充滿獨特性的麵包。

數量：10 個（約 200g）

彈性：★★★★★
香味：★★★★★
嚼勁：★★★

Ingredients

主麵團

A	細砂糖	150g
	鹽	15g
	蜂蜜	60g
	奶粉	30g
	鮮奶	200g
	全蛋	100g
B	高筋麵粉	300g
	速溶乾酵母	7g

隔夜種

高筋麵粉	700g
速溶乾酵母	1g
優格	100g
水	400g

表面裝飾

椰子粉	適量

How To Make

1
隔夜種

隔夜種材料先用慢速攪拌均勻，改中速攪拌至光滑狀，室溫（約 28℃）發酵約 1 小時 **1**，再冷藏（約 4℃）發酵約 12-15 小時 **2**。

2
攪拌混合

將【作法 1】、材料 A 用慢速拌勻，再加入材料 B 慢速攪拌成團，改快速攪拌至光滑有彈性。

3
基本發酵

將麵團放入容器中，基本發酵約 40 分鐘後，翻麵再繼續發酵約 20 分鐘。

4
分割滾圓、中間發酵

將麵團分割（約 200g×10 個），切口往底部收合滾圓，蓋上發酵布，中間發酵約 30 分鐘。

5
整型、最後發酵

將麵團輕拍後用擀麵棍由中間朝上、下擀成長方片狀 **3 4**，翻面，底部兩端稍壓開（幫助黏合）**5**，從上往下捲起 **6** 至底成長條狀 **7**，鬆弛約 10-15 分鐘。

※ **7** 搓長條後再稍做靜置鬆弛，可利於最後整型的操作。

6

從中間朝左右兩端揉動 **8** 成粗細均勻長狀 **9**，用擀麵棍擀平一端 **10**，再與另一端疊合 **11 12**，捏緊收口 **13** 整型成圓環狀，表面刷上全蛋液 **14**、沾裹椰子粉 **15 16**，放置折凹槽的發酵布上，覆蓋上發酵布，最後發酵約 30 分鐘，用剪刀斜剪出 5-6 個 V 形切口 **17 18**。

6

※ **17** 注意斜剪刀口時要避開接合處，以防受熱後從接合處裂開。

7
烘焙、裝飾

放入烤箱，入爐後蒸氣 1 次，3 分後蒸氣 1 次，以上火 230℃／下火 200℃，烤約 15 分鐘，出爐。

※ 因表面塗刷蛋液及椰子粉上色速度快，要注意烤至金黃時要調降上火，避免烤焦。

蕎麥田園花冠

整型成圓環，再用手刀按壓出環節造型，
作法簡單風味香醇，造型可愛的一款美味麵包。

數量：12 個（約 150g）

彈性：★★★★
香味：★★★
嚼勁：★★★

Ingredients

麵團

法國粉 800g
蕎麥粉 100g
高筋麵粉 100g
黑糖 60g
鹽 15g
奶粉 40g

鮮奶 100g
新鮮酵母 28g
水 630g

表面裝飾

裸麥粉 .... 適量

How To Make

1
攪拌混合

將所有材料先用慢速攪拌
至聚合成團，改快速攪拌
至光滑有彈性。

2
基本發酵

將麵團放入容器中，基本
發酵約 40 分鐘後，翻麵再
繼續發酵約 20 分鐘。

3
分割滾圓、中間發酵

將麵團分割（約 150g×12
個），切口往底部收合滾
圓，蓋上發酵布，中間發
酵約 30 分鐘。

4
整型、最後發酵

將麵團輕拍後用擀麵棍由
中間朝上、下擀成長方片
狀 **1**，翻面，底部兩端稍
壓延開（幫助黏合）**2**，
從上往下捲起至底成長條
狀 **3**。

5

從中間朝左右兩端揉動
麵團 **4**，使兩端成粗細
均勻長狀 **5**，靜置鬆弛
約 10-15 分鐘，沾手粉、
用手刀按壓出 5-6 等分 **6**
7，用擀麵棍擀平一端
8，繞成圈與另一端疊合
捏緊收口 **9** **10**，整型成環
狀 **11** **12**，放置折凹槽的發
酵布上，覆蓋上發酵布，
最後發酵約 30 分鐘，篩上
裸麥粉 **13**。

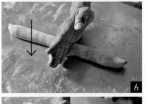

※整型時直接切成五等份再滾
圓，這樣的整型方式較易破
壞組織，影響膨脹，以一整
成型的方式，可讓麵包有更
多的發酵張力。

6
烘焙、裝飾

放入烤箱，入爐後蒸氣 1
次，3 分後蒸氣 1 次，以
上火 240℃／下火 200℃，
烤約 15 分鐘，出爐。

蜂釀多穀法國

混合多種穀物粉的調配，穀物香氣格外濃郁，
有著天然小麥芳香外，入口還有淡淡的蜂蜜香氣，
毫不保留提引出麵粉的獨特風味！

數量：5 個（約 300g）

彈性：★★★★
香味：★★★★
嚼勁：★★★

Ingredients

麵團

A 法國粉 500g
　　高筋麵粉 100g
　　全麥粉 100g
　　裸麥粉 100g
　　穀物粉 100g
　　細砂糖 60g
　　鹽 15g
　　新鮮酵母 30g
　　鮮奶 200g
　　鮮奶油 50g
　　全蛋 100g
　　水 250g
B 蜂蜜 100g

表面裝飾

裸麥粉 ....適量

How To Make

1
攪拌混合

將所有材料先用慢速攪拌至聚合成團，改快速攪拌至光滑有彈性，加入材料 B 改慢速稍攪拌後，轉快速攪拌至有彈力即可。

2
基本發酵

將麵團放入容器中，基本發酵約 40 分鐘後，翻麵再繼續發酵約 20 分鐘。

3
分割滾圓、中間發酵

將麵團分割（約 300g×5 個），拍平折成長條狀，蓋上發酵布，中間發酵約 30 分鐘。

4
整型、最後發酵

麵團用手掌均勻輕拍 **1**，翻面，從上方往下輕輕捲折 **2 3 4**，以手指往內塞捲折至底，以雙手虎口按住稍搓揉兩端 **5 6** 整成橄欖形。

5

收口朝下、放置折凹槽的發酵布上 **7**，蓋上發酵布，最後發酵約 30 分鐘 **8**，表面篩上裸麥粉 **9**，以割紋刀在表面劃上一道割紋 **10**，再從兩側底邊各淺劃一刀 **11**。

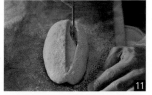

6
烘焙、裝飾

放入烤箱，入爐後蒸氣 1 次，3 分後蒸氣 1 次，以上火 240℃／下火 200℃，烤約 18-20 分鐘，出爐。

玄米核桃鄉村

在麵團裡加了蛋白增添麵團的口感彈性，
吃得到玄米與核桃顆粒口感的美味麵包。

數量：10 個（約 200g）

彈性：★★★★
香味：★★★★
嚼勁：★★★★★

Ingredients

麵團

A 法國粉 800g
　高筋麵粉..........200g
　細砂糖 60g
　鹽 18g
　鮮奶.................400g
　蛋白.................100g
　水 100g
　酸奶.................100g
　速溶乾酵母 8g
B 玄米（熟）........100g
　核桃.................100g

表面裝飾

裸麥粉 ....適量

How To Make

1
攪拌混合

將所有材料先用慢速攪拌至聚合成團，改快速攪拌至光滑有彈力，加入玄米慢速拌勻後，再加入核桃拌勻即可（熟玄米也可以用熟五穀米代替）。

2
基本發酵

將麵團放入容器中，基本發酵約 40 分鐘後，翻麵再繼續發酵約 20 分鐘。

3
分割滾圓、中間發酵

將麵團分割（約 200g×10 個），拍平折成長條狀，蓋上發酵布，中間發酵約 40 分鐘。

4
整型、最後發酵

麵團用手掌均勻輕拍 1，翻面，從上方往下輕輕捲折 2，以手指往內塞 3 捲折至底 4，以虎口按住稍搓揉兩端 5 整成橄欖狀 6。

5

收口朝下、放置折凹槽的發酵布上，蓋上發酵布，最後發酵約 30 分鐘，在表面篩上裸麥粉 7，一手靠著麵團內推，另一手以割紋刀在表面斜劃切刀紋 8 9，再從兩側底邊各淺劃一刀 10。

6
烘焙、裝飾

放入烤箱，入爐後蒸氣 1 次，3 分後蒸氣 1 次，以上火 240℃／下火 200℃，烤約 15-18 分鐘，出爐。

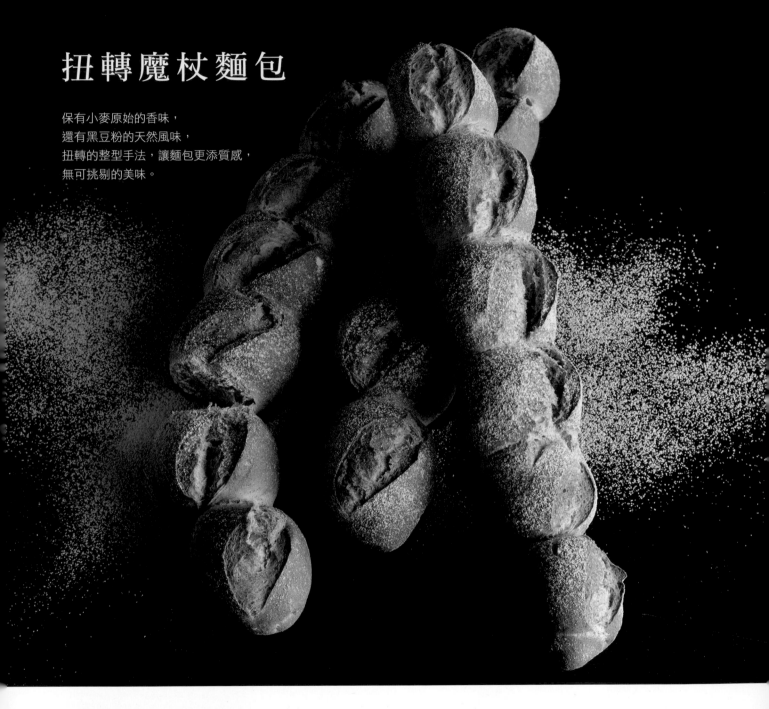

扭轉魔杖麵包

保有小麥原始的香味，
還有黑豆粉的天然風味，
扭轉的整型手法，讓麵包更添質感，
無可挑剔的美味。

數量：7 個（約 250g）

彈性：★★★★★
香味：★★★★★
嚼勁：★★★★

Ingredients

麵團

法國粉 800g
全麥粉 100g
黑豆粉 100g
細砂糖 20g
鹽 18g
鮮奶 300g
全蛋 100g
蛋白 100g

水 250g
速溶乾酵母 8g

表面裝飾

裸麥粉 ....適量

How To Make

1
攪拌混合

將所有材料先用慢速攪拌聚合成團，改快速攪拌至光滑有彈性。

2
基本發酵

將麵團放入容器中，基本發酵約 40 分鐘後，翻麵再繼續發酵約 20 分鐘。

3
分割滾圓、中間發酵

將麵團分割（約 250g×7 個），切口往底部收合滾圓，蓋上發酵布，中間發酵約 30 分鐘。

4
整型、最後發酵

麵團用手掌均勻輕拍❶翻面，從外側朝中間折 1/3，以手指壓緊接合處❷輕拍壓❸，再將內側朝中間折 1/3 ❹，沿著接合口按壓❺❻，輕拍壓❼，對折❽貼合處用手掌按壓緊密貼合❾輕輕滾動收合❿。

5

從中間⓫朝左右兩端揉動⓬使兩端成粗細均勻長狀，靜置鬆弛約 10-15 分鐘⓭，沾手粉、用手刀按壓出 6 等分⓮⓯，並將左右兩端以反方向扭動兩圈定型⓰，放置折凹槽的發酵布上⓱⓲，覆蓋上發酵布，最後發酵約 30 分鐘⓳，篩上裸麥粉⓴，用割紋刀斜割出切口㉑。

※搓長條後再稍做靜置鬆弛，可利於最後整型的操作。

6
烘焙、裝飾

放入烤箱，入爐後蒸氣 1 次，3 分後蒸氣 1 次，以上火 240℃／下火 200℃，烤約 18 分鐘，出爐。

大地全麥鄉村

使用了口法國粉與全麥粉，口味香醇，
越嚼越能感受到小麥與蜂蜜微微散發的香氣，非常美味，
香氣十足，也很適合搭配乳酪或紅酒食用。

數量：6 個（約 300g）

彈性：★★★
香味：★★★★
嚼勁：★★★★

Ingredients

麵團

法國粉 500g
全麥粉 500g
細砂糖 80g
鹽 20g
鮮奶 400g
全蛋 100g
蜂蜜 60g
速溶乾酵母 8g
水 200g

表面裝飾

裸麥粉 .... 適量

How To Make

1
攪拌混合

將所有材料先用慢速攪拌至聚合成團，改快速攪拌至光滑有彈性。

2
基本發酵

將麵團放入容器中，基本發酵約 40 分鐘後，翻麵再繼續發酵約 20 分鐘。

3
分割滾圓、中間發酵

將麵團分割（約 300g×6 個），拍平折成長條狀，蓋上發酵布，中間發酵約 40 分鐘。

4
整型、最後發酵

麵團用手掌均勻輕拍 **1**，翻面，從上方往下輕輕捲折 **2**，以手指往內塞 **3** 捲折至底 **4**，以雙手虎口按住稍搓揉兩端 **5** 整成橄欖狀 **6**。

5

收口朝下、放置折凹槽的發酵布上 **7**，蓋上發酵布，最後發酵約 30 分鐘 **8**，表面篩上裸麥粉 **9**，以割紋刀在表面劃上一道割紋 **10**，再從兩側底邊各淺劃一刀 **11**。

6
烘焙、裝飾

放入烤箱，入爐後蒸氣 1 次，3 分後蒸氣 1 次，以上火 240℃／下火 200℃，烤約 18 分鐘，出爐。

裸麥優格法國葉

以法國粉、裸麥、高粉混合
搭配出截然不同的迷人風味，
俐落的割紋造型呈現，
一款獨特香味與風味的歐風麵包。

數量：6個（約300g）

彈性：★★★★
香味：★★★
嚼勁：★★★★

Ingredients

麵團

法國粉	600g
高筋麵粉	100g
裸麥粉	300g
細砂糖	20g
鹽	18g
蜂蜜	60g
優格	150g
速溶乾酵母	8g
鮮奶	300g
水	400g

表面裝飾

裸麥粉	適量

1
攪拌混合

將所有材料先用慢速攪拌至聚合成團，改快速攪拌至光滑有彈力。

2
基本發酵

將麵團放入容器中，基本發酵約 40 分鐘後，翻麵再繼續發酵約 20 分鐘。

3
分割滾圓、中間發酵

將麵團分割（約 300g×6個），拍平折成長條狀，蓋上發酵布，中間發酵約 30 分鐘。

4
整型、最後發酵

將麵團用手掌均勻輕拍成扁圓狀 **1**，翻面，從外側朝中間折 1/3，以手指往內塞 **2**、輕拍壓 **3**，再將內側朝中間折 1/3 **4 5**，按壓接合處 **6 7**，用手掌末端按壓接合口使其確實收合 **8 9**，雙手滾動麵團 **10**，再從中間往兩端平均揉動 **11**，成粗細均勻長狀 **12**。

5

收口朝下，放置折凹槽的發酵布上 **13**，最後發酵約 30 分鐘 **14**，篩上裸麥粉 **15**，用切麵刀斜壓出三道切口 **16**（不切斷），並由切口處拉出開口 **17 18**。

6
烘焙、裝飾

放入烤箱，入爐後蒸氣 1 次，3 分後蒸氣 1 次，以上火 240℃／下火 200℃，烤約 15-18 分鐘，出爐。

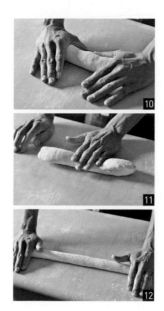
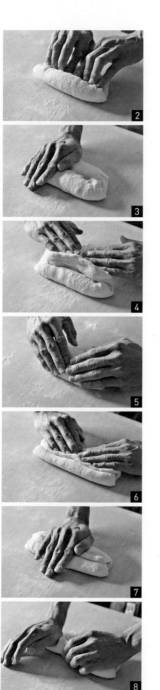

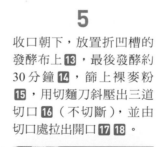
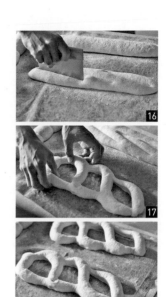

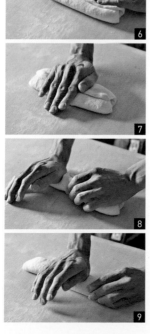

紅莓寶石鄉村

雙料果乾搭配特殊風味的夏威夷豆，相當的美味。
堅果烤過，果乾浸泡後使用是更添風味的重點所在。

數量：11 個（約 180g）

彈性：★★★★
香味：★★★★★
嚼勁：★★★★★

How To Make

1
攪拌混合

將材料 A 用慢速攪拌融合成團，改快速攪拌至有彈性，再加入材料 B 慢速拌勻。

2
基本發酵

將麵團放入容器中，基本發酵約 40 分鐘後，翻麵再繼續發酵約 20 分鐘。

3
分割滾圓、中間發酵

將麵團分割（約 180g×11 個），拍平折成長條狀，蓋上發酵布，中間發酵約 40 分鐘。

Ingredients

麵團

A	法國粉	700g
	高筋麵粉	200g
	蕎麥粉	100g
	黑糖	60g
	鹽	18g
	速溶乾酵母	8g
	全蛋	100g
	鮮奶	300g
	水	300g
B	葡萄乾	100g
	蔓越莓	100g
	夏威夷豆	100g

表面裝飾

裸麥粉 .... 適量

4
整型、最後發酵

麵團用手掌均勻輕拍 1，翻面，從上方往下輕輕捲折，以手指往內塞捲折至底 2 3，以雙手虎口按住稍搓揉兩端 4，整成橄欖狀。

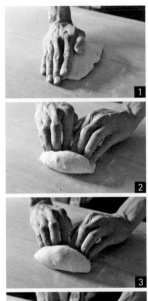

5

收口朝下、放置折凹槽的發酵布上 5，蓋上發酵布，最後發酵約 40 分鐘，篩上裸麥粉 6 7，以割紋刀在表面劃上一道割紋 8，再從側底邊淺劃一刀 9。

※為避免發酵的麵團沾黏一起，可將發酵布折出凹槽，以隔開左右兩側。表面覆蓋上發酵布可防止麵團乾燥。

6
烘焙、裝飾

放入烤箱，入爐後蒸氣 1 次，3 分後蒸氣 1 次，以上火 240℃／下火 200℃，烤約 15 分鐘，出爐。

優格黑芝麻金磚

帶有黑芝麻的芳醇美味！
整型時重點訣竅在先擀出形狀後再擀壓開，
由四周包覆收合整型，如此可避免過度擠壓麵團。

數量：6 個（約 300g）

彈性：★★★
香味：★★★★
嚼勁：★★★★★

Ingredients

麵團

A 法國粉 800g
高筋麵粉 200g
細砂糖 80g
鹽 18g
新鮮酵母 24g
優格 200g
鮮奶 300g

水 200g
鮮奶油 150g
B 黑芝麻粉 20g

表面裝飾

裸麥粉 ....適量

1

攪拌混合

將材料 A 用慢速攪拌融合成團,改快速攪拌至有彈性,再加入黑芝麻粉慢速拌勻(黑芝麻粉較不易拌勻,攪拌時當黑芝麻粉附著麵團後可改快速稍攪拌,讓黑芝麻粉能完全均勻)。

2

基本發酵

將麵團放入容器中,基本發酵約 40 分鐘後,翻麵再繼續發酵約 20 分鐘。

3

分割滾圓、中間發酵

將麵團分割(約 300g×6 個),拍平折成長條狀,蓋上發酵布,中間發酵約 30 分鐘。

4

整型、最後發酵

將麵團用手掌均勻輕拍 1,翻面,從近身端往上端對折 2,將麵皮往底部收合 3,滾動麵團使收口朝下 4,輕拍壓,翻面,使收合口朝上 5,用擀麵棍在四邊按壓出四道壓痕 6 7,並分別朝外側延壓擀開 8 9 使中間的麵團鼓脹隆起。

5

分別將擀開的麵皮稍往外拉提後朝中間折疊 10 11,依法重複折疊其他三邊 12 13 14,折疊成四方狀 15,翻面 16 並將四邊角稍往底部收合 17,放置折凹槽的發酵布上,蓋上發酵布,最後發酵約 30 分鐘,放上花形模,篩上裸麥粉 18,用割紋刀在四邊角斜劃二刀 19。

※折疊四邊的麵皮時輕輕覆蓋即可,不須刻意的捏合收口,會影響膨脹力。

6

烘焙、裝飾

放入烤箱,入爐後蒸氣 1 次,3 分後蒸氣 1 次,以上火 240℃/下火 200℃,烤約 15-18 分鐘,出爐。

芙克黑雪花麵包

結合芙克黑雪花鹽與黑糖增加微妙的香甜與風味變化，
內含無花果與堅果的搭配，果乾圓醇甘甜與堅果口感，
一款色澤與風味著實引人的美味麵包。

44

數量：7個（約300g）

彈性：★★★★★
香味：★★★
嚼勁：★★★★

Ingredients

麵團

A	法國粉	800g
	穀物粉	100g
	高筋麵粉	100g
	黑糖	60g
	速溶乾酵母	8g
	芙克黑雪花鹽	18g
	白酒	100g
	鮮奶	300g
	水	300g
B	無花果乾	200g
	核桃	100g

表面裝飾

裸麥粉 ....適量

How To Make

1
攪拌混合

將材料 A 用慢速攪拌融合成團，改快速攪拌至有彈性，再加入材料 B 慢速拌勻。

2
基本發酵

將麵團放入容器中，基本發酵約 40 分鐘後，翻麵再繼續發酵約 20 分鐘。

3
分割滾圓、中間發酵

將麵團分割（約 300g×7 個），拍平折成長條狀，蓋上發酵布，中間發酵約 30 分鐘。

4
整型、最後發酵

將麵團用手掌均勻輕拍 1，翻面，從近身端往上端對折 2，將麵皮往底部收合，滾動麵團使收口朝下 3，轉向縱放，輕拍壓 4，再從近身端往上端對折 5，並將麵皮往底部收合 6、滾動麵團使收口朝下 7，滾圓成型 8，放置折凹槽的發酵布上，蓋上發酵布，最後發酵約 30 分鐘。

5

放上花形圖紋，篩上裸麥粉 9，用割紋刀在圓周四邊淺劃刀紋 10。

6
烘焙、裝飾

放入烤箱，入爐後蒸氣 1 次，3 分後蒸氣 1 次，以上火 240℃／下火 200℃，烤約 18 分鐘，出爐。

紅酒芝麻燒

塑成圓扁形後用手指均勻戳出孔洞，
成型非常簡單！
不加油脂，健康是其最大的魅力，
口感風味一點也不遜色的樸實麵包。

數量：6個（約300g）

彈性：★★★
香味：★★★
嚼勁：★★★★★

Ingredients

麵團

法國粉	1000g
細砂糖	30g
鹽	18g
紅酒	100g
水	580g
速溶乾酵母	8g

表面裝飾

橄欖油	適量
白芝麻	適量
和風醬油	適量

1
攪拌混合

將材料 A 用慢速攪拌融合成團，改快速攪拌至有彈性即可。

2
基本發酵

將麵團放入容器中，基本發酵約 40 分鐘後，翻麵再繼續發酵約 20 分鐘。

3
分割滾圓、中間發酵

將麵團分割（約 300g×6 個），切口往底部收合滾圓，蓋上發酵布，中間發酵約 40 分鐘。

4
整型、最後發酵

將麵團用手掌均勻輕拍成扁圓狀 1，翻面，從外側朝中間折 1/3，以手指往內塞 2、輕拍壓 3，再將內側朝中間折 1/3 4、滾動使收合口朝下 5，用手按壓接合口使其確實收合 6 7，收口朝下，靜置鬆弛約 15-20 分鐘 8。

※ 7 接合口處用手掌末端確實按壓，使其緊密貼合。

5

將麵團朝左右兩端稍拉長 9，輕拍壓 10，收口朝下、放折凹槽的發酵布上 11，蓋上發酵布，最後發酵約 30 分鐘 12，沾拍手粉稍拍壓平後 13，用手指等間距戳壓出圓孔 14 15，表面薄刷橄欖油 16，撒上白芝麻 17。

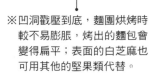

6
烘焙、裝飾

放入烤箱，入爐後蒸氣 1 次，3 分後蒸氣 1 次，以上火 240℃／下火 200℃，烤約 18 分鐘，出爐，刷上紅酒、和風醬油即可。

※凹洞戳壓到底，麵團烘烤時較不易膨脹，烤出的麵包會變得扁平；表面的白芝麻也可用其他的堅果類代替。

※薄刷紅酒與和風醬油可增添風味，也可不塗刷。

脆皮金牛角

運用法國粉與高筋麵粉搭配，
口感與造型獨特的一款麵包。
儘管難度偏高，花點時間挑戰，
一定可以享受豐碩的成果。

脆皮金牛角

Ingredients

數量：14 個（約 120g）

彈性：★★★
香味：★★★★
嚼勁：★★★★★

麵團

法國粉	500g
高筋麵粉	500g
細砂糖	20g
鹽	20g
速溶乾酵母	6g
水	650g

表面裝飾

裸麥粉	適量

How To Make

1
攪拌混合

將所有材料先用慢速攪拌至聚合成團，改中速攪拌至稍有筋度即可。

※此款只用到中速攪拌，是為了不讓麵團的筋度過度擴展，以利於整型及保有麵包強韌口感。

2
基本發酵

將麵團放入容器中，基本發酵約 40 分鐘後，翻麵再繼續發酵約 20 分鐘。

3
分割滾圓、中間發酵

將麵團分割（約 120g×14 個），切口往底部收合滾圓，蓋上發酵布，中間發酵約 10 分鐘。

4
冷藏鬆弛

將麵團冷藏鬆弛約 20 分鐘（至易整型的狀態）。

※冷藏鬆弛可避免麵團不必要的膨鬆，可利於層次的整型。

5

整型、最後發酵

在檯面上先薄抹油 **1**，將麵團從近身處往上方對折 **2**，從中間搓揉 **3**、朝左右兩端揉動成粗細均勻長狀 **4**。

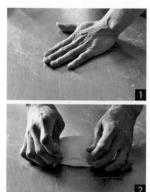

6

轉向縱放，由中間朝下邊擀壓延展邊拉開 **5**，再朝上擀壓開 **6**，延展拉長擀平 **7**，用切割刀在較寬圓端處直切出刀口 **8**。

7

從切口兩側朝兩外側捲約3-4折後 **9** **10**，用手掌呈八字狀手勢 **11**、順勢由中心朝外呈稍弧度推移、往下捲動 **12** 至底 **13** **14** **15**，收合底部 **16**，並將兩端細角按壓接合 **17** **18** 定型，放置折凹槽的發酵布上 **19**，覆蓋上發酵布，最後發酵約 20 分鐘 **20**，在接口處斜切開 **21** **22**，篩上裸麥粉 **23**。

※篩粉可避免烘烤出過重的色澤，並能增加膨脹的體積。

8

烘焙、裝飾

放入烤箱，入爐後蒸氣 1 次，3 分後蒸氣 1 次，以上火 250℃／下火 200℃，烤約 22-25 分鐘，出爐。

黑橄欖紡錘麵包

風味樸實的黑橄欖風味麵包，外表香酥，內裡 Q 韌有嚼勁，
略帶鹹味的橄欖和油脂有著美妙的平衡滋味，
多穀麵團的溫醇香味與黑橄欖是絕美的搭配。

數量：7個（約250g）

彈性：★★★
香味：★★★
嚼勁：★★★★

Ingredients

麵團

A 法國粉 800g
  全麥粉 100g
  裸麥粉 100g
  細砂糖 20g
  鹽 20g
  橄欖油 60g
  水 650g
  速溶乾酵母 8g
B 黑橄欖（切對半）
  ....80g

表面裝飾

裸麥粉 ....適量

How To Make

1
攪拌混合

將所有材料先用慢速攪拌至聚合成團，改快速攪拌至光滑有彈性，加入材料B慢速拌均。

2
基本發酵

將麵團放入容器中，基本發酵約40分鐘後，翻麵再繼續發酵約20分鐘。

3
分割滾圓、中間發酵

將麵團分割（約250g×7個），拍平折成長條狀，蓋上發酵布，中間發酵約40分鐘。

4
整型、最後發酵

將麵團用手掌均勻輕拍 **1**，翻面，從上方往下輕輕捲折 **2** **3**，以手指往內塞捲折至底 **4**，以虎口按住稍搓揉兩端 **5** 整成橄欖狀 **6**，收口朝下、放置折凹槽的發酵布上 **7**，蓋上發酵布，最後發酵約30分鐘，在表面篩上裸麥粉 **8**，用割紋刀在表面劃上割紋 **9**，再從兩側底邊各淺劃切口 **10**。

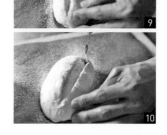

5
烘焙、裝飾

放入烤箱，入爐後蒸氣1次，3分後蒸氣1次，以上火250℃／下火200℃，烤約18-20分鐘，出爐。

玉米田園鄉村

玉米、洋蔥混著濃郁麥香的麵團，二次壓折整型，
特調的配方調合出風味豐富與彈牙的絕佳口感，
細細咀嚼麥香與玉米的美味，絕對不容錯過的美味組合！

數量：10個（約200g）

彈性：★★★★★
香味：★★★★★
嚼勁：★★★★

How To Make

Ingredients

麵團

A 法國粉 700g
　 蕎麥粉 100g
　 高筋麵粉 100g
　 杜蘭小麥粉 100g
　 細砂糖 20g
　 鹽 18g
　 鮮奶 200g
　 全蛋 100g
　 蛋黃 50g
　 蜂蜜 60g
　 水 400g
　 新鮮酵母 30g
B 玉米粒 200g
　 洋蔥粒 30g

表面裝飾

裸麥粉 ....適量

1
攪拌混合

將材料 A 用慢速攪拌融合成團，改快速攪拌至有彈性，再加入材料 B 慢速拌勻。

2
基本發酵

將麵團放入容器中，基本發酵約 40 分鐘後，翻麵再繼續發酵約 20 分鐘。

3
分割滾圓、中間發酵

將麵團分割（約 200g×10 個），切口往底部收合滾圓，蓋上發酵布，中間發酵約 30 分鐘。

4
整型、最後發酵

將麵團用手掌均勻輕拍 1，翻面，從近身端往上端對折 2，將麵皮往底部收合，滾動麵團使收口朝下 3，轉向縱放，輕拍壓 4，再從近身端往上端對折 5、收合 6 滾圓成型 7，放置折凹槽的發酵布上，蓋上發酵布，最後發酵約 30 分鐘，篩上裸麥粉 8，在表面切割「十」字形刀紋 9 10。

※利用二次折疊緊實麵團表面，可增加麵團體積向上的膨脹力。

5
烘焙、裝飾

放入烤箱，入爐後蒸氣 1 次，3 分後蒸氣 1 次，以上火 240℃／下火 200℃，烤約 15 分鐘，出爐。

煙燻起司法國

帶有煙燻起司濃郁的濃郁風味，搭配核桃、夏威夷豆，
質地 Q 彈富嚼勁，簡單卻也能令人滿足的美味！

數量：14 個（約 150g）

彈性：★★★★
香味：★★★★★
嚼勁：★★★★★

Ingredients

麵團

A 高筋麵粉..........700g
　低筋麵粉..........200g
　穀物粉.............100g
　細砂糖..............80g
　鹽.....................18g
　蜂蜜..................60g
　速溶乾酵母........10g
　水....................700g
B 煙燻乳酪（切絲）
　......................100g
C 核桃（烤過）....100g
　夏威夷豆（烤過）
　......................100g

表面裝飾

裸麥粉..................適量

How To Make

1
攪拌混合

將材料 A 先用慢速攪拌至
聚合成團，改快速攪拌至
光滑有彈性，加入乳酪絲
慢速拌勻，加入材料 C 拌
勻。

2
基本發酵

將麵團放入容器中，基本
發酵約 40 分鐘後，翻麵再
繼續發酵約 20 分鐘。

3
分割滾圓、中間發酵

將麵團分割（約 150g×14
個），拍平折成長條狀，蓋
上發酵布，中間發酵約 40
分鐘。

4
整型、最後發酵

將麵團用手掌均勻輕拍
1，翻面，從上方往下輕
輕捲折**2**，以手指往內塞
3 捲折至底**4**，以虎口按
住稍搓揉兩端**5**，整成橄
欖狀**6**。

5

收口朝下、放置折凹槽的
發酵布上**7**，蓋上發酵
布，最後發酵約 40 分鐘，
在表面篩上裸麥粉**8**，以
割紋刀在表面淺割上紋路
9，再從兩側底邊各淺劃
一刀**10**。

6
烘焙、裝飾

放入烤箱，入爐後蒸氣 1
次，3 分後蒸氣 1 次，以
上火 230℃／下火 200℃，
烤約 15-18 分鐘，出爐。

無花果小圓法

運用隔夜種提升麵包的柔軟度。加入穀物粉及無花果乾，
增添了風味與口感，咀嚼中吃得到果粒的獨特口感。

數量：14 個（約 150g）

彈性：★★★
香味：★★★
嚼勁：★★★★★

Ingredients

隔夜種

高筋麵粉	300g
裸麥粉	100g
速溶乾酵母	1g
水	400g

主麵團

A	細砂糖	60g
	鹽	18g
	蜂蜜	60g
	奶粉	30g
	全蛋	100g
	水	200g
B	高筋麵粉	200g
	穀物粉	100g
	法國粉	300g
	速溶乾酵母	7g
C	葡萄乾	100g
	無花果乾	200g

表面裝飾

裸麥粉	適量

How To Make

1
隔夜種

隔夜種材料先用慢速攪拌均勻，改中速攪拌至光滑狀，室溫（約 28℃）發酵約 1 小時 **1**，再冷藏（約 4℃）發酵約 12 小時 **2**。

2
攪拌混合

將【作法 1】、材料 A 先用慢速攪拌混勻，再加入材料 B 慢速攪拌成團，改快速攪拌至光滑有彈性，加入材料 C 慢速拌勻。

3
基本發酵

將麵團放入容器中，基本發酵約 40 分鐘後，翻麵再繼續發酵約 20 分鐘。

4
分割滾圓、中間發酵

將麵團分割（約 150g×14 個），拍平折成長條狀，蓋上發酵布，中間發酵約 30 分鐘。

5
整型、最後發酵

將麵團用手掌均勻輕拍 **3**，翻面，從近身端往上對折 **4**，將麵皮往底部收合 **5**，輕拍壓 **6**，翻面、轉向縱放，再對折 **7**，滾動麵團使收口朝下、滾圓 **8**，最後發酵約 40 分鐘，篩灑上裸麥粉 **9**，用割紋刀淺劃切紋 **10**，再從側邊底部淺劃一刀 **11**。

6
烘焙、裝飾

放入烤箱，入爐後蒸氣 1 次，3 分後蒸氣 1 次，以上火 250℃／下火 200℃，烤約 18 分鐘，出爐。

左岸香菲橘子

混合不同的粉類，並使用不同風味的橘香絲搭配，
加上特殊芳香的黑糖香味，帶出清香的甜美風味，
越嚼咀越香，一款帶有奢華果香的橘香麵包。

數量：6個（約300g）

彈性：★★★★
香味：★★★★★
嚼勁：★★★★★

Ingredients

麵團

A 法國粉 700g
　 高筋麵粉 100g
　 全麥粉 100g
　 穀物粉 100g
　 黑糖 80g
　 鹽 18g
　 橄欖油 30g
　 水 600g
　 蛋黃 80g
　 速溶乾酵母 8g
B 蜜漬橘香絲 100g
　 新鮮橘皮絲 20g
　 橘皮丁 100g

表面裝飾

裸麥粉 ....適量

How To Make

1
攪拌混合

將所有材料 A 先用慢速攪拌至聚合成團，改快速攪拌至光滑有彈性，加入蜜漬橘香絲慢速拌勻，再加入橘皮絲、橘皮丁拌勻即可。

2
基本發酵

將麵團放入容器中，基本發酵約 40 分鐘後，翻麵再繼續發酵約 20 分鐘。

※翻麵的折疊可緊實麵團表面，能促使麵團體積向上膨脹。

3
分割滾圓、中間發酵

將麵團分割（約 300g×6個），切口往底部收合滾圓，蓋上發酵布，中間發酵約 40 分鐘。

4
整型、最後發酵

將麵團稍均勻輕拍 1，翻面，從近身端往對側對折 2 3，滾動麵團使收口朝下 4，輕拍扁 5，轉向縱放，再由近身端往對側對折 6，將麵皮向下拉整收合 7，整型成圓球狀 8，捏緊接合口，放置折凹槽的發酵布上，蓋上發酵布，最後發酵約 40 分鐘，篩上裸麥粉 9，淺割「井」字形刀紋 10。

5
烘焙、裝飾

放入烤箱，入爐後蒸氣 1 次，3 分後蒸氣 1 次，以上火 240℃／下火 200℃，烤約 18-20 分鐘，出爐。

法式藍莓蓓麗

用隔夜種來提升麵團的筋度、膨脹力，
麵團裡添加藍莓果乾，
與內層適度的嚼勁口感十分搭配，
圓潤而具彈力的口感與果乾芳香最是魅力。

數量：8個（約250g）

彈性：★★★★
香味：★★★
嚼勁：★★★★

Ingredients

隔夜種

高筋麵粉	700g
速溶乾酵母	1g
蜂蜜	50g
水	400g

主麵團

A	法國粉	300g
	細砂糖	80g
	鹽	18g
	全蛋	100g
	鮮奶油	100g
	香橙酒	20g
	鮮奶	100g
	水	50g
B	發酵奶油	60g
	速溶乾酵母	7g
C	藍莓乾	150g

表面裝飾

裸麥粉 .... 適量

How To Make

1
隔夜種

材料先用慢速攪拌均勻，改中速攪拌至光滑狀 **1**，室溫（約28℃）發酵約1小時，再冷藏（約4℃）發酵約12-15小時 **2**。

2
攪拌混合

將【作法1】、材料A用慢速拌勻，再加入材料B慢速攪拌成團，改快速攪拌至光滑有彈性，加入材料C拌勻。

3
基本發酵

將麵團放入容器中，基本發酵約40分鐘後，翻麵再繼續發酵約20分鐘。

※ **7** 整型時將麵皮底端預留部分，利用平均搓揉收合底部，發酵後收口會自然密合。

4
分割滾圓、中間發酵

將麵團分割（約250g×8個），拍平折成長條狀，蓋上發酵布，中間發酵約30分鐘。

5
整型、最後發酵

將麵團用手掌均勻輕拍，翻面，從上方往下輕輕捲折 **3** **4**，以手指往內塞 **5** 捲折至底 **6**，底端預留部分 **7**，利用虎口按住均勻搓揉 **8**、收合於底部 **9** 整成橄欖狀。

6

收口朝下、放置折凹槽的發酵布上，蓋上發酵布，最後發酵約40分鐘，篩上裸麥粉 **10**，以割紋刀在左右對稱地斜劃出4-5割紋 **11** 成葉形刀紋。

7
烘焙、裝飾

放入烤箱，入爐後蒸氣1次，3分後蒸氣1次，以上火240℃／下火200℃，烤約15分鐘，出爐。

蜂香普金麵包

麵團中添加了黃金初階糖及香甜南瓜丁，
讓麵包隱約中帶有股微微的甘甜滋味與香氣，
平順的口味之中帶有股溫醇的獨特芳香。

蜂香普金麵包

數量：9 個（約 250g）

彈性：★★★
香味：★★★
嚼勁：★★★

Ingredients

麵團

A 高筋麵粉..........500g
　法國粉 500g
　鹽 18g
　黃金初階糖 80g
　蜂蜜..................60g
　鮮奶 200g
　乳酪 50g
　水 500g

　奶粉.................40g
　速溶乾酵母 8g
B 發酵奶油...........80g
C 南瓜丁（熟）150g

表面裝飾

裸麥粉 ....適量

1
攪拌混合

將材料 A 先用慢速攪拌均勻，改快速攪拌至光滑有彈性，加入材料 B 慢速拌勻，再轉快速攪拌至有彈力，最後加入南瓜丁慢速拌勻即可。

2
基本發酵

將麵團放入容器中，基本發酵約 40 分鐘後，翻麵再繼續發酵約 20 分鐘。

3
分割滾圓、中間發酵

將麵團分割（約 250g×9 個），拍平折成長條狀，蓋上發酵布，中間發酵約 30 分鐘。

4
整型、最後發酵

將麵團用手掌均勻輕拍 ❶，翻面，從近身端往上端對折 ❷，將麵皮往底部收合 ❸，滾動麵團使收口朝下 ❹，輕拍壓 ❺，翻面，使收合口朝上 ❻，用擀麵棍在四邊按壓出四道壓痕 ❼ ❽，分別朝外側延壓擀開 ❾ ❿ 使中間的麵團鼓脹隆起。

※擀出形狀後再延壓擀開，避免過度擠壓麵團。

5

將擀開的麵皮分別稍往外拉提後朝中間折疊 ⓫ ⓬，依法重複折疊其他三邊 ⓭ ⓮ ⓯，折疊成四方狀 ⓰，翻面 ⓱ 並將四邊角稍往底部收合 ⓲，放置折凹槽的發酵布上，蓋上發酵布，最後發酵約 30 分鐘，篩上裸麥粉，用割紋刀在四邊角各斜劃二刀。

※折疊四邊的麵皮時輕輕覆蓋即可，不須刻意的捏合收口，會影響膨脹力。

6
烘焙、裝飾

放入烤箱，入爐後蒸氣 1 次，3 分後蒸氣 1 次，以上火 240℃／下火 200℃，烤約 18 分鐘，出爐。

金麥甜椒乳酪

蜂蜜可讓甜椒風味更好；
整型時注意避免過度的擠壓麵團，
先擀壓出外形再折疊成形，
是完美成型的重點所在。

數量：7 個（約 250g）

彈性：★★★★
香味：★★★
嚼勁：★★★★

Ingredients

麵團

A 法國粉 800g
　　高筋麵粉 100g
　　穀物粉 100g
　　細砂糖 60g
　　鹽 18g
　　速溶乾酵母 8g
　　鮮奶 200g
　　乳酪 50g

　　蜂蜜 40g
　　水 500g
B 甜椒絲 150g

表面裝飾

裸麥粉 .... 適量

1
攪拌混合

將所有材料 A 先用慢速攪拌至聚合成團,改快速攪拌至光滑有彈性,加入甜椒絲慢速拌勻即可。

2
基本發酵

將麵團放入容器中,基本發酵約 40 分鐘後,翻麵再繼續發酵約 20 分鐘。

3
分割滾圓、中間發酵

將麵團分割(約 250g×7 個),切口往底部收合滾圓,蓋上發酵布,中間發酵約 30 分鐘。

4
整型、最後發酵

將麵團用手掌均勻輕拍 **1**,翻面,從近身端往上端對折 **2**,將麵皮往底部收合 **3**,滾動麵團使收口朝下 **4**,輕拍壓 **5**,翻面,使收合口朝上 **6**,用擀麵棍在三邊按壓出三角形壓痕 **7**,並分別朝外側延壓擀開 **8 9** 使中間的麵團鼓脹隆起。

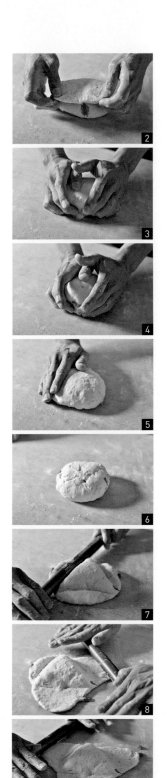

5

分別將擀開的麵皮稍往外拉提後朝中間折疊 **10 11**,依法重複折疊其他二邊 **12 13**、收合,翻面、並用虎口朝中心擠壓整塑三邊角 **14**,整型成三角狀 **15**,收口朝下,放置折凹槽的發酵布上,蓋上發酵布,最後發酵約 40 分鐘 **16**,放上花形模,篩上裸麥粉 **17**,在三邊各斜劃二刀紋 **18**。

※切劃的動作要迅速俐落,緩慢的切劃容易致使麵團消氣;切劃的深度要夠,適當的深度可有效提升膨脹力道。

6
烘焙、裝飾

放入烤箱,入爐後蒸氣 1 次,3 分後蒸氣 1 次,以上火 240℃/下火 200℃,烤約 18 分鐘,出爐。

※配方中的蜂蜜可調和甜椒的菜青味;麵團中因添加甜椒,水分會隨著增加,製作時可適時調整配方中的水量。

玫瑰芒果物語

散發著淡淡的玫瑰花香，風味高雅的歐風麵包，
入口細細品嘗玫瑰花香與果乾帶來的獨特香氣與口感。

數量：8 個（約 250g）

彈性：★★★★★
香味：★★★
嚼勁：★★★★

Ingredients

麵團

A 法國粉 900g
　　高筋麵粉..........100g
　　細砂糖 60g
　　鹽 18g
　　蜂蜜 60g
　　水 680g
　　新鮮酵母............30g
B 發酵奶油............60g

C 芒果乾 200g
　　玫瑰花瓣..............3g

表面裝飾

裸麥粉 ....適量

1
攪拌混合

將所有材料 A 先用慢速攪拌至聚合成團，改快速攪拌至光滑有彈性，加入材料 B 改中速稍攪拌軟化後，轉快速攪拌至有彈力，加入切丁芒果乾、玫瑰花瓣拌勻即可。

2
基本發酵

將麵團放入容器中，基本發酵約 40 分鐘後，翻麵再繼續發酵約 20 分鐘。

3
分割滾圓、中間發酵

將麵團分割（約 250g×8 個），拍平折成長條狀，蓋上發酵布，中間發酵約 30 分鐘 1。

4
整型、最後發酵

將麵團用手掌均勻輕拍 2，翻面，從外側朝中間折 1/3，以手指壓緊接合處 3，輕拍壓 4，再將內側朝中間折 1/3 5，沿著接合口按壓 6，輕拍壓 7，對折 8、將接合口處用手掌按壓緊密貼合 9，輕輕滾動成長條狀 10，整型成長條 11。

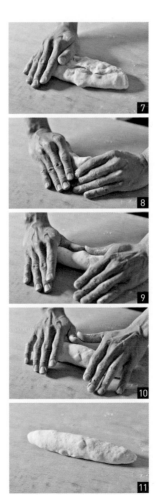
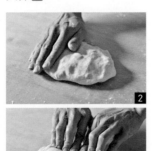

5

收口朝下、放置折成凹槽的發酵布上，蓋上發酵布，最後發酵約 40 分鐘，篩上裸麥粉 12，用割紋刀淺劃出切口 13，再從底部側邊淺劃刀口 14。

6
烘焙、裝飾

放入烤箱，入爐後蒸氣 1 次，3 分後蒸氣 1 次，以上火 240℃／下火 200℃，烤約 15-18 分鐘，出爐。

慕尼黑脆腸

運用液種來製作麵團，提升麵包的濕潤口感，
麵團中添加穀物粉，藉以增加香氣，
內裡使用了味道與樸實麵包體相當適合的脆腸作為夾層。

數量：10 個（約 200g）

彈性：★★★
香味：★★★★
嚼勁：★★★★★

Ingredients

隔夜液種
法國粉 300g
速溶乾酵母 1g
水 300g

主麵團
A 細砂糖 60g
　　鹽 18g
　　蜂蜜 60g
　　奶粉 30g
　　鮮奶 200g
　　水 350g

B 法國粉 600g
　　穀物粉 100g
　　速溶乾酵母 7g

內餡
德國脆腸 .... 10 條

表面裝飾
裸麥粉 ....適量

How To Make

1
隔夜液種
隔夜液種材料先用慢速攪拌均勻，放入容器中，室溫（約 28℃）發酵約 1 小時 **1**，再冷藏（約 4℃）發酵約 12-15 小時 **2**。

2
攪拌混合
將【作法 1】、材料 A 用慢速拌勻，再加入材料 B 慢速攪拌均勻後，改快速攪拌至擴展階段即可。

3
基本發酵
將麵團放入容器中，基本發酵約 40 分鐘後，翻麵再繼續發酵約 20 分鐘。

4
分割滾圓、中間發酵
將麵團分割（約 200g×10 個），拍平折成長條狀，蓋上發酵布發酵約 40 分鐘。

5
整型、最後發酵
將麵團用手掌均勻輕拍 **3**，翻面，從外側朝中間折 1/3，以手指壓緊接合處 **4**、輕拍壓 **5**，再將內側朝中間折 1/3 **6**，沿著接合口按壓出溝槽 **7** **8**，在接合處放上德國脆腸 **9** 再將麵團對折 **10**，按壓接合口使其確實黏合，滾動收合 **11** 揉成粗細均勻長狀，放置折凹槽的發酵布上，蓋上發酵布，最後發酵約 30 分鐘，篩灑裸麥粉 **12**，斜劃 4-5 道切口 **13**。

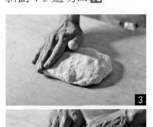

6
烘焙、裝飾
放入烤箱，入爐後蒸氣 1 次，3 分後蒸氣 1 次，以上火 240℃／下火 200℃，烤約 15-18 分鐘，出爐。

法式金枕麵包

咖啡的香氣與南瓜甜美的風味襯托出小麥香氣，
南瓜與咖啡組成的風味著實的令人驚艷，
可搭配不同配料佐食，是款香味獨具的美味麵包。

數量：5 個（總重約 1915g）

彈性：★★★
香味：★★★
嚼勁：★★★★★

Ingredients

麵團

A 高筋麵粉..........500g
　全麥粉 300g
　穀物粉 100g
　法國粉 100g
　咖啡粉 10g
　鹽 15g
　鮮奶..................300g
　蜂蜜..................60g
　全蛋................100g
　水 250g
　新鮮酵母............30g
B 南瓜丁（熟）....150g

表面裝飾

裸麥粉 ....適量

How To Make

1
攪拌混合

將材料 A 先用慢速攪拌均勻，改快速攪拌至光滑有彈力，加入材料 B 慢速拌勻即可。

2
基本發酵

將麵團放入容器中，基本發酵約 40 分鐘後，翻麵再繼續發酵約 20 分鐘。

3
整型、最後發酵

將麵團倒扣放置檯面上 **1**，用手掌均勻輕壓 **2**，用切麵刀分割成 5 等份長條狀 **3 4**，翻面，放置折凹槽的發酵布上 **5**，蓋上發酵布，最後發酵約 30 分鐘 **6 7**，篩灑上裸麥粉 **8**，以割紋刀在表面斜劃割紋 **9**。

※ **2** 不須過度拉折緊實麵團，會致使表面產生過度的膨脹。

4
烘焙、裝飾

放入烤箱，入爐後蒸氣 1 次，3 分後蒸氣 1 次，以上火 250℃／下火 200℃，烤約 18-20 分鐘，出爐。

酥烤法式披薩

外圈麵皮酥香有嚼勁，內圈麵皮Q彈柔軟，
表層滿滿的鮮香餡料，絕美的新食口感。

數量：9 個（約 200g）

彈性：★★★★
香味：★★★
嚼勁：★★★★

Ingredients

麵團

A　法國粉 700g
　　高筋麵粉 200g
　　杜蘭小麥粉 50g
　　低筋麵粉 50g
　　細砂糖 20g
　　鹽 18g
　　奶粉 40g
　　水 730g
　　速溶乾酵母 8g
B　發酵奶油 20g

表面材料

全蛋液 .... 適量
甜椒絲 .... 適量
洋蔥絲 .... 適量
熱狗丁 .... 適量
玉米粒 .... 適量
乳酪絲 .... 適量
番茄醬 .... 適量
美乃滋 .... 適量

How To Make

1
攪拌混合

將所有材料 A 先用慢速攪拌聚合成團，改中速攪拌至約 5 分筋（麵團可拉扯狀況），加入奶油攪勻。

2
基本發酵

將麵團放入容器中，基本發酵約 40 分鐘後，翻麵再繼續發酵約 20 分鐘。

3
分割滾圓、冷藏鬆弛

將麵團分割（約 200g×9 個），切口往底部收合滾圓，蓋上發酵布，冷藏鬆弛約 30 分鐘（冷藏鬆弛的目的在緊實麵團，不讓麵筋組織過於膨鬆，且有助於整型的操作）。

4
整型、最後發酵

將麵團稍拍扁，用擀麵棍由中間朝上、下擀成橢圓片狀 **1**，放置烤盤上、覆蓋保鮮膜，冷藏鬆弛約 15-20 分鐘 **2**。

5

取出麵皮稍延展拉長，由麵皮的上下兩側朝外側角的方向延展拉開 **3 4**，再分別捲折 2 圈 **5 6 7**，刷上全蛋液，鋪放上甜椒絲、熱狗丁 **8**、玉米粒、洋蔥絲及乳酪絲 **9**，最後擠上番茄醬、美乃滋 **10** 即可。

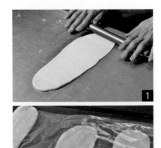

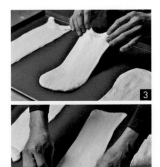

6
烘焙、裝飾

放入烤箱，以上火 210℃／下火 200℃，烤約 15 分鐘，轉向再烤約 8 分鐘，出爐。

荔香冰心麵包

宛如泡芙般的圓滾造型，變化不同的夾層餡，
冰涼濕潤的冰淇淋滲入麵包內，形成截然不同的美妙滋味，
甜味適中非常適合作為日常點心。

數量：20 個（約 100g）

彈性：★★★
香味：★★★★
嚼勁：★★★★★

Ingredients

麵團

A 高筋麵粉..........500g
法國粉.............400g
杜蘭小麥粉........50g
穀物粉.............50g
細砂糖..........120g
鹽....................18g
蜂蜜.................30g
煉乳.................50g
鮮奶..............500g
全蛋..............100g

新鮮酵母.............30g
水.....................60g
B 香草棒..............1 支
荔枝乾.............150g

夾餡

冰淇淋..................適量

表面裝飾

裸麥粉..................適量

How To Make

1
事前準備

香草棒刮取出香草籽，其餘切細碎加入高筋麵粉中混勻；荔枝乾用熱水（約 50℃）汆燙、浸泡軟化後切碎，備用。

2
攪拌混合

將所有材料 A 先用慢速攪拌至聚合成團，改快速攪拌至光滑有彈性，加入荔枝乾慢速拌均。

3
基本發酵

將麵團放入容器中，基本發酵約 40 分鐘後，翻麵再繼續發酵約 20 分鐘。

4
分割滾圓、中間發酵

將麵團分割（約 100g×20 個），拍平折成長條狀，蓋上發酵布，中間發酵約 30 分鐘。

5
整型、最後發酵

將麵團用手掌均勻輕拍 **1**，翻面，從近身端往上對折 **2**，將麵皮往底部收合 **3**，輕拍壓 **4**，翻面、轉向縱放，再對折 **5**，將麵皮往底部收合 **6**，滾動麵團使收口朝下 **7**、捏合收口 **8** 滾圓成型。

6

收口朝下、放置折凹槽的發酵布上，蓋上發酵布，最後發酵約 30 分鐘，篩上裸麥粉 **9**，用割紋刀在表面淺劃二刀紋 **10**。

7
烘焙、裝飾

放入烤箱，入爐後蒸氣 1 次，3 分後蒸氣 1 次，以上火 230℃／下火 200℃，烤約 12-15 分鐘，出爐。待冷卻、橫剖後（不切斷），舀取冰淇淋球做夾層餡。

核風橙香金棗

加了蜜漬金棗、玫瑰花瓣及核桃，帶出協調芳醇的風味，
金棗的甘甜與淡淡的花香，是此款麵包口感上的一大特色，
芳香、內層柔軟，外皮芳香帶點酥脆，絕妙的組合滋味。

數量：7 個（約 300g）

彈性：★★★
香味：★★★★★
嚼勁：★★★★★

Ingredients

麵團

A	法國粉	500g
	高筋麵粉	500g
	黑糖	60g
	鹽	18g
	香橙酒	20g
	速溶乾酵母	8g
	全蛋	100g
	鮮奶	200g
	乳酪	50g
	水	450g
B	蜜漬金棗	150g
	核桃	100g
	玫瑰花瓣	3g

表面裝飾

裸麥粉 .... 適量

How To Make

1
攪拌混合

將所有材料 A 先用慢速攪拌至聚合成團，改快速攪拌至光滑有彈性，加入蜜漬金棗慢速拌勻，再加入核桃、玫瑰花瓣拌勻即可。

2
基本發酵

將麵團放入容器中，基本發酵約 40 分鐘後，翻麵再繼續發酵約 20 分鐘。

3
分割滾圓、中間發酵

將麵團分割（約 300g×7 個），切口往底部收合滾圓，蓋上發酵布，中間發酵約 30 分鐘。

4
整型、最後發酵

將麵團稍均勻輕拍 1，翻面，從近身端往對側對折，滾動麵團使收口朝下 2，輕拍扁 3，轉向縱放，再由近身端往對側對折 4，將麵皮向下拉整收合，整型成圓球狀 5，放置折凹槽的發酵布上 6，蓋上發酵布，最後發酵約 40 分鐘，篩上裸麥粉 7，用割紋刀在四邊淺割四刀紋 8，再於中心處淺劃十字刀紋 9。

5
烘焙、裝飾

放入烤箱，入爐後蒸氣 1 次，3 分後蒸氣 1 次，以上火 240℃／下火 200℃，烤約 18-20 分鐘，出爐。

櫻桃香頌法國

帶酸及隱約的香甜味與質樸的法式麵團相當搭配，
能帶烘托出麵粉的風味，口感與香氣非常柔和吸引人。

數量：14／7 個（約 150g／300g）

彈性：★★★★★
香味：★★★★★
嚼勁：★★★★★

Ingredients

隔夜液種

高筋麵粉...............300g
全麥粉.................200g
速溶乾酵母..............1g
水.....................500g

主麵團

A 細砂糖...............30g
　 鹽...................22g
　 蜂蜜.................60g
　 水..................180g
B 法國粉..............500g
　 速溶乾酵母..........7g
C 櫻桃乾.............200g
　 乳酪丁.............100g

How To Make

1
隔夜液種

隔夜種材料攪拌均勻，放入容器中 **1 2**，室溫（約 28℃）發酵約 1 小時 **3**，再冷藏（約 4℃）發酵約 12 小時 **4 5**。

※剛攪拌好的麵團尚未形成麵筋，呈軟黏 **2**；發酵完成的麵團，有氣味、氣泡產生，具筋度拉起有彈性 **5**。

2
攪拌混合

將【作法 1】、材料 A 先用慢速攪拌混合均勻 **6**，再加入材料 B 慢速攪拌成團 **7 8**，改快速攪拌至光滑有彈性 **9 10**，加入材料 C 拌勻。

3
基本發酵

將麵團放入容器中，基本發酵約 40 分鐘後，翻麵再繼續發酵約 20 分鐘。

4

分割滾圓、中間發酵

將麵團分割（約 150g×14 個／300g×7 個），拍平折成長條狀，蓋上發酵布，中間發酵約 30 分鐘。

5

整型、最後發酵

圓球款。將麵團（150g）用手掌均勻輕拍 **11**，翻面，從近身端往上對折 **12**，將麵皮往底部收合 **13**，輕拍壓，翻面、轉向縱放，再對折 **14**，將麵皮往底部收合，滾動麵團使收口朝下 **15** 滾圓。

6

將圓型籐籃均勻篩上裸麥粉 **16**，將麵團收口朝上放入籐籃中 **17**，最後發酵約 30-40 分鐘，用割紋刀淺劃四道切紋 **18**。

※ **17** 輕按壓接觸底部面，表面的紋路才會明顯呈現。

7

橢圓款。將麵團（300g）用手掌均勻輕拍 **19**，翻面，將麵團從上方往下輕輕捲折 **20** 捲折至底 **21**，稍搓揉兩端整成橢欖狀 **22**。

8

將橢圓型籐籃均勻篩上裸麥粉 **23**，將麵團收口朝上放入籐籃中 **24**，最後發酵約 30-40 分鐘 **25** **26**，用割紋刀斜劃紋路 **27**。

9

烘焙、裝飾

放入烤箱，入爐後蒸氣 1 次，3 分後蒸氣 1 次，以上火 240℃／下火 200℃，烤約 18 分鐘，出爐。

鳳梨紅酒格蕾朵

運用麵團層次的包覆組合、切割，
烘烤後宛如玫瑰花瓣的綻放，
鳳梨和紅酒成為重點的風味，透過熬煮香氣倍增，
特殊的香氣與亮麗的外型，給予人無限驚喜的華麗麵包。

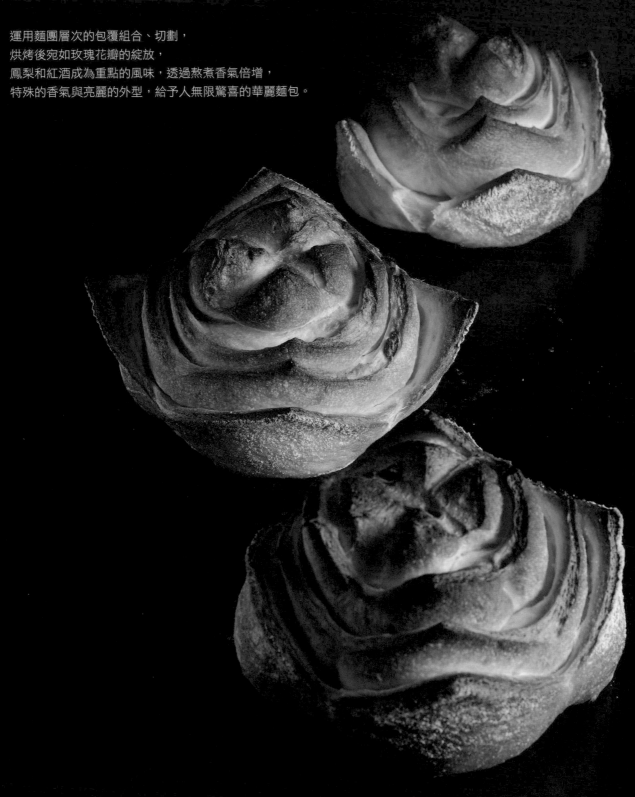

數量：4 個（約 550g）

彈性：★★★★
香味：★★★★
嚼勁：★★★★

Ingredients

麵團

A 法國粉 1000g
　盬 20g
　麥芽精 5g
　蜂蜜.....................60g
　水 750g
　速溶乾酵母 8g
B 鳳梨乾 300g
　紅酒.................300g

表面裝飾

裸麥粉 ....適量

How To Make

1
紅酒鳳梨

將鳳梨乾、紅酒用小火煮至軟化入味（約20分鐘）後 **1**，濾出汁液，取鳳梨乾備用。

2
攪拌混合

將所有材料 A 先用慢速攪拌均勻，再改快速攪拌至擴展，加入紅酒鳳梨慢速攪拌均勻。

3
基本發酵

將麵團放入容器中，基本發酵約 40 分鐘後，翻麵再繼續發酵約 20 分鐘。

4
分割滾圓、中間發酵

將麵團分割（約250g、150g、100g、50g× 各 4個），切口往底部收合滾圓，蓋上發酵布，中間發酵約 30 分鐘。

5
整型、最後發酵

將麵團（250g）用手掌均勻輕拍 **2**，翻面，從近身端往上對折 **3**，輕拍壓 **4**，翻面、轉向縱放，再對折 **5**，將麵皮往底部收合滾動 **6** 成型。

6

將麵團（150g）用手掌均勻輕拍 **7**，翻面，從近身端往上對折 **8**，輕輕拍壓 **9**，翻面、轉向縱放，再對折，將麵皮往底部收合滾動 **10** 成型。

7

麵團 100g 用手掌均勻輕拍 **11**，翻面，從近身端往上對折 **12**，輕拍壓 **13**，翻面、轉向縱放，再對折 **14**，將麵皮往底部收合滾動 **15** 成型。麵團 50g 依法操作整型滾圓成型。

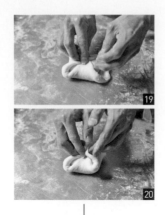

11

收口朝下、放置折凹槽的發酵布上 **32**，蓋上發酵布，最後發酵約 30 分鐘，篩灑上裸麥粉 **33**，用割紋刀在表面切劃十字刀紋 **34** **35** 。

10

第 4 層。再依法擀平麵團（250g），依法包覆成型的作法 9 **26** **27** **28** **29**，捏合收口 **30**，滾圓成型 **31** 。

※ **17** 麵皮周圍預留不塗刷油脂可增添風味外，也可讓麵皮與麵團間分離，烤好後不會沾黏會呈現出明顯層次。

8

第 1-2 層。取 麵 團 100g 稍輕拍後擀平 **16**，在圓周中心處薄刷油，預留周圍 1cm 不塗刷 **17**，放上麵團（50g），再將四邊的麵皮以上下左右兩對邊拉起包覆 **18** **19** **20**，捏合收口。

9

第 3 層。再依法擀平麵團（150g），依法包覆成型的作法 8 **21** **22** **23** **24**，捏合收口 **25** 。

12

烘焙、裝飾

放入烤箱，入爐後蒸氣 1 次，3 分後蒸氣 1 次，以上火 250℃／下火 200℃，烤約 18-22 分鐘，出爐。

麵包的美味吃法

切片、夾餡、烘烤，要算是變化麵包美味的基本方法，
不同的搭配吃法，就能享受到不同的樂趣，
學會讓麵包變得更加好吃的手法，
再隨著喜好創意，讓美味發揮極致。

吐司

味道單純的麵包或吐司，適合與其他料理做搭配，簡單
的塗抹奶油、果醬；或在兩片吐司裡夾著料理做成三明
治，或者加料烤過做成吐司披薩也都非常美味。此外，
吐司切片的厚度不同，享受到的口感也會有所不同，加
以變化能衍生出許多的美味吃法。

法國麵包

不同形狀、大小的法國麵包，酥脆外皮、軟綿內層的特
色各異。細長或體積小的（長棍），帶有酥脆外皮，咀
嚼起來酥香；粗胖或體積大的（短棍、鄉村），外皮酥
脆內層柔軟，帶有Q彈細膩口感。直接吃享受口感香
氣，或是切片微烤加溫，沾佐橄欖油食用，別有深奧風
味，或者搭配食材做成加料吐司都非常棒。

布里歐

味道濃郁質地綿密的布里歐，不只能做為點心麵包，
也適合佐餐，搭配脂肪成分多的肉類料理（香腸、肝
醬），口味更加豐富。

堅果、果乾麵包

添加深具風味的堅果、果乾類麵包，微微再烤過，能提
高麵包的酥脆口感，吃起來更加香脆，與味道重的甜食
醬料或果醬都很對味。

醇香濃郁甜點麵包
&布里歐

融合多元的異國原味混搭,製作出新式特色的香甜口味,
保有天然的小麥香氣,Q彈、濕潤的口感,讓人意猶未盡!
以重現道地口味製作,展現布里歐特有的柔軟口感,
風味馥郁、質地細緻、潤澤順口,加上特製奶油餡搭配,
滋味更加獨特迷人,展現布里歐截然不同的濃醇滋味與口感。

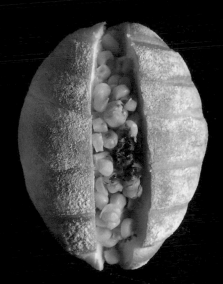

脆皮糖霜檸檬

滋味平順的麵包裡，隱約飄散檸檬香氣，
表層杏仁脆皮烘烤出的糖霜，口感更加香脆，
淡淡的香甜味讓整個麵包的風味更加深邃。

Ingredients

數量：10 個（約 200g）

彈性：★★★★★
香味：★★★★
嚼勁：★★★★

麵團

A 高筋麵粉..........800g
　法國粉 100g
　杜蘭小麥粉 100g
　細砂糖 150g
　鹽 18g
　蜂蜜 30g
　奶粉 40g
　鮮奶 300g
　蛋黃 100g
　鮮奶油 100g
　水 200g
　新鮮酵母 30g
B 發酵奶油 150g
　新鮮檸檬絲 20g

杏仁脆皮醬

糖粉 100g
蛋白 100g
杏仁粉 60g
低筋麵粉 10g

1
杏仁脆皮醬

糖粉、蛋白先拌勻,加入低筋麵粉、杏仁粉拌勻即可 **1** 。

2
攪拌混合

將所有材料 A 先用慢速攪拌均勻後,改快速攪拌至光滑有彈性,加入發酵奶油慢速攪拌至有彈力,加入檸檬絲拌勻。

3
基本發酵

將麵團放入容器中,基本發酵約 40 分鐘後,翻麵再繼續發酵約 20 分鐘。

4
分割滾圓、中間發酵

將麵團分割(約 200g×10 個),切口往底部收合滾圓,蓋上發酵布,中間發酵約 30 分鐘 **2** 。

5
整型、最後發酵

將麵團輕拍後 **3** 用擀麵棍由中間朝上、下擀成長方片狀 **4** **5**,翻面,底部兩端稍壓延開 **6**,從上往下捲起 **7** 至底成長條狀 **8**,鬆弛約 10 分鐘。

※搓長條後再稍做靜置鬆弛,
可利於最後整型的操作。

6

從中間朝左右兩端揉動 **9** 成粗細均勻長狀 **10**,用擀麵棍擀平一端 **11**,與另一端疊合 **12**,捏緊收口 **13** **14** 整型成圓環狀 **15**,最後發酵約 30 分鐘 **16** **17**,塗抹杏仁脆皮醬 **18**、灑上珍珠糖、糖粉 **19**。

7
烘焙、裝飾

放入烤箱,以上火 200℃／下火 200℃,烤約 10-12 分鐘,轉向再繼續烤約 6 分鐘,出爐。

金莎脆皮可可

風味馥郁的麵團，表面撒上杏仁堅果，
沾覆苦甜巧克力，口感層次豐富更加芳香。

數量：10 個（約 200g）

彈性：★★★★★
香味：★★★
嚼勁：★★★

Ingredients

麵團

A	高筋麵粉..........900g
	杜蘭小麥粉......100g
	細砂糖.............120g
	鹽.................15g
	可可粉............20g
	新鮮酵母............30g
	鮮奶.................500g
	蜂蜜.................60g
	鮮奶油.............100g
	乳酪.................100g
B	發酵奶油..........150g

表面裝飾

全蛋液 ....適量
杏仁角 ....適量
苦甜巧克力 ....適量
牛奶巧克力 ....適量
可可脆皮..............適量

※ **3** 麵團搓長條後再稍做靜置鬆弛，可利於最後整型的操作。

How To Make

1
攪拌混合

將所有材料 A 先用慢速攪拌均勻後，改快速攪拌至光滑有彈性，加入發酵奶油慢速拌勻後，轉快速攪拌至有彈力即可。

2
基本發酵

將麵團放入容器中，基本發酵約 40 分鐘後，翻麵再繼續發酵約 20 分鐘。

3
分割滾圓、中間發酵

將麵團分割（約 200g×10個），切口往底部收合滾圓，蓋上發酵布，中間發酵約 30 分鐘。

4
整型、最後發酵

將麵團輕拍後用擀麵棍由中間朝上、下擀成長方片狀 **1**，翻面，底部兩端稍壓延開 **2**，從上往下捲起 **3** 至底成長條狀，鬆弛約 10 分鐘。

5

從中間朝左右兩端揉動，成粗細均勻長狀，用擀麵棍擀平一端 **4**，與另一端疊合 **5**，捏緊收口 **6** 整型成圓環狀，刷上全蛋液 **7**、沾裹杏仁角 **8**，最後發酵約 30 分鐘。

6
烘焙、裝飾

放入烤箱，以上火 200℃／下火 200℃，烤約 12 分鐘，轉向再繼續烤約 6 分鐘，出爐。

7

將巧克力隔水加熱融化。待麵包冷卻，表面沾裹苦甜巧克力 **9**，沾裹上可可脆皮 **10**，用牛奶巧克力擠上裝飾線條 **11**。

花生可可漩渦卷

香濃的可可麵團，包覆著濃郁的雙料花生餡，
可可的溫醇香味搭配花生芳香與口感，絕妙的美味平衡。

香柔歐蕾麵包

富含濃醇奶香，風味濃郁香甜的牛奶麵包。
把麵包搓成條狀編辮成型，撒上堅果增添口感，
就能做出質地細緻、吃起來口感柔軟的超美味麵包。

Ingredients

數量：9 個（約 240g）

彈性：★★★★★
香味：★★★★
嚼勁：★★★★

麵團

A 高筋麵粉..........800g
　　法國粉 100g
　　杜蘭小麥粉 100g
　　細砂糖 80g
　　鹽 15g
　　奶粉 50g
　　乳酪粉 50g
　　蜂蜜..................100g

　　鮮奶..................200g
　　蛋黃..................200g
　　水 200g
　　新鮮酵母............30g
B 發酵奶油..........150g

表面裝飾

核桃（或杏仁片）...適量

奶油餡

A 鮮奶..................500g
　　發酵奶油............80g
　　香草棒 .... 1 支
B 細砂糖 80g
　　全蛋................100g
　　蛋黃................100g
C 玉米粉 10g
　　低筋麵粉............60g

How To Make

1
奶油餡
奶油餡作法參見檸檬奶油餡 P135。

2
攪拌混合
將所有材料 A 先用慢速攪拌均勻後，改快速攪拌至光滑有彈性，加入發酵奶油慢速攪拌至有彈力。

3
基本發酵
將麵團放入容器中，基本發酵約 40 分鐘後，翻麵再繼續發酵約 20 分鐘。

4
分割滾圓、中間發酵
將麵團分割（約 80g×27 個），切口往底部收合滾圓，蓋上發酵布，中間發酵約 30 分鐘。

5
整型、最後發酵
將麵團輕拍後用擀麵棍由中間朝上、下擀成長方片狀 **1** **2**，翻面，從上往下捲起 **3** 至底成長條狀，鬆弛約 5-10 分鐘 **4**。

6
將麵團搓揉成粗細均勻長條 **5**，3 條為組、並將頂端固定 **6**，再將麵團 A 往 B、C 往 A、B 往 C，依序編辮到底 **7** **8** **9** **10** **11**，收合於底、成辮子型 **12**，兩端稍密合 **13**，放入烤盤，最後發酵約 30 分鐘，刷上全蛋液 **14**，抹上奶油餡 **15**、撒上核桃 **16** **17**、細砂糖 **18**。

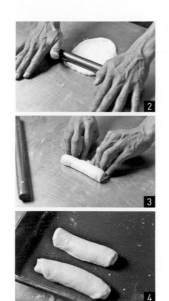

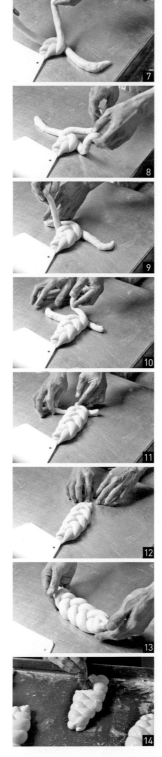

※正確的編結：編辮時朝上拉提編結而下。

錯誤的編結：朝下編結。

7
烘焙、裝飾
放入烤箱，以上火 185℃／下火 190℃，烤約 12 分鐘，轉向再繼續烤約 4-6 分鐘，出爐。

橙香黃金麵包

Q 彈的麵團與濕潤的香橙內餡，搭成絕妙好味，
滿滿香濃甜蜜的香橙起司內餡，香醇順口，
是款會讓人感受到美味驚喜的甜點麵包。

數量：15 個（約 150g）

彈性：★★★★★
香味：★★★★
嚼勁：★★★

Ingredients

麵團

A 高筋麵粉..........900g
　 法國粉 100g
　 細砂糖 150g
　 鹽 18g
　 新鮮酵母..........30g
　 全蛋................150g
　 蛋黃................100g
　 煉乳..................60g
　 鮮奶.................300g
　 水 100g
　 香草棒 .... 1 支
B 發酵奶油..........120g
C 蜜漬橘香絲 200g

香橙奶油餡

發酵奶油.............100g
細砂糖 50g
柳橙鮮果粒 ....適量

1
內餡

發酵奶油、細砂糖拌勻後加入柳橙鮮果粒混合拌勻 **1** 即可 **2**。

2
攪拌混合

香草棒刮取出香草籽,香草莢切成細碎加入高筋麵粉中混勻。

3

將所有材料 A 先用慢速攪拌至聚合成團,改快速攪拌至光滑有彈性,加入發酵奶油慢速拌勻後,轉快速攪拌至有彈力,加入蜜漬橘香絲拌勻即可。

4
基本發酵

將麵團放入容器中,基本發酵約 40 分鐘後,翻麵再繼續發酵約 20 分鐘。

5
分割滾圓、中間發酵

將麵團分割(約 150g×15 個),切口往底部收合滾圓,蓋上發酵布,中間發酵約 30 分鐘。

6
整型、最後發酵

將麵團輕拍後用擀麵棍由中間朝上、下擀成長方片狀 **3**,翻面,底部兩端稍壓延開(幫助黏合),在前端部分抹勻香橙奶油餡 **4**,從上往下捲起 **5** 至底成長條狀 **6**,分切成 3 等份 **7**,切口朝左右直排 **8** 壓切至底(不切斷) **9**。

7

由切口處掰開使切口斷面朝上 **10**,放入紙模中 **11** **12**,最後發酵約 30 分鐘 **13**,表面刷上全蛋液 **14**,灑上細砂糖 **15**。

8
烘焙、裝飾

放入烤箱,以上火 190℃／下火 200℃,烤約 12 分鐘,轉向再繼續烤 4-6 分鐘,出爐。

※ 轉換烤盤前後方向的位置來調整,避免烘烤不均。

※ **15** 表面也可添加杏仁片來增添口感風味。

細雪乳酪麵包

奶油乳酪的酸味讓麵包更加出色，
表面擠上香濃的奶油餡，滑順的麵團與奶油餡，
香氣濃郁感十足，令人心滿意足的甜麵包。

數量：23 個（約 90g）

彈性：★★★★★
香味：★★★★
嚼勁：★★★

Ingredients

麵團

A 高筋麵粉........1000g
　細砂糖.............120g
　鹽.....................15g
　奶粉.................50g
　奶油乳酪..........100g
　蜂蜜.................60g
　水...................200g
　全蛋.................300g
　蛋黃.................100g
　新鮮酵母............30g
B 發酵奶油..........150g

表面裝飾

奶油餡...................適量
糖粉.....................適量

How To Make

1
攪拌混合

將材料 A 用慢速攪拌融合成團，改快速攪拌至有彈性，再加入發酵奶油慢速拌勻後，轉快速攪拌至光滑有彈力即可。

2
基本發酵

將麵團放入容器中，基本發酵約 40 分鐘後，翻麵再繼續發酵約 20 分鐘。

3
分割滾圓、中間發酵

將麵團分割（約 60g×35 個），切口往底部收合滾圓，蓋上發酵布，中間發酵約 15-20 分鐘。

4
整型、最後發酵

將麵團分成二等份 1 2，滾圓 3，收口朝下排列烤盤上，鬆弛約 5 分鐘 4。

5

再次滾圓 5，並以 3 個為組，將麵團由兩端朝中間推壓併攏 6，由中間切劃一刀 7，最後發酵約 30 分鐘，表面刷上全蛋液 8，擠上奶油餡（參見香柔歐蕾麵包，P100-101）9 10。

※ 表面也可以再撒上杏仁片變化。

6
烘焙、裝飾

放入烤箱，以上火 185℃／下火 200℃，烤約 10 分鐘，轉向再繼續烤約 4 分鐘，出爐，待冷卻後篩灑上糖粉即可。

波特多田園堡

麵團中加入馬鈴薯，讓麵包的質地更加柔軟濕潤，
馬鈴薯搭配松子味道十分的契合，
咀嚼間享受麵包帶來的迷人香味。

數量：15 個（約 150g）

彈性：★★★★★
香味：★★★★
嚼勁：★★★★

Ingredients

麵團

A 高筋麵粉..........900g
　　法國粉.............50g
　　低筋麵粉.........50g
　　細砂糖............150g
　　鹽.................15g
　　鮮奶.............150g
　　全蛋.............200g
　　鮮奶油..........100g
　　水................200g
　　新鮮酵母.........30g
B 發酵奶油.........100g
　　熟馬鈴薯丁......200g
　　松子..............80g

表面裝飾

乳酪粉...............適量
乳酪絲...............適量
全蛋液...............適量
美乃滋...............適量
海苔粉...............適量

How To Make

1
攪拌混合

將所有材料 A 用慢速拌勻，改快速攪拌至有彈性，再加入發酵奶油慢速拌勻後，轉快速攪拌至光滑有彈性，加入熟馬鈴薯丁、松子拌勻即可。

2
基本發酵

將麵團放入容器中，基本發酵約 40 分鐘後，翻麵再繼續發酵約 20 分鐘。

3
分割滾圓、中間發酵

將麵團分割（約 150g×15 個），切口往底部收合滾圓，蓋上發酵布，中間發酵約 30 分鐘。

4
整型、最後發酵

將麵團用手掌均勻輕拍 **1**，翻面，從上方往下輕輕捲折 **2 3**，以手指往內塞 **4** 捲折至底，以虎口按住稍搓揉兩端 **5** 整成橄欖狀。

5

表面薄刷全蛋液 **6**、沾裹乳酪粉 **7**，最後發酵約 30 分鐘 **8**，在表面直劃出刀口 **9**、擠上美乃滋 **10**、鋪上乳酪絲即可。

※表面的蛋液薄刷即可，過多會上色太快、易烤焦。

6
烘焙、裝飾

放入烤箱，以上火 185℃／下火 200℃，烤約 12 分鐘，轉向再繼續烤約 6 分鐘，出爐，待冷卻撒上海苔粉點綴。

咖哩卷麵包

Q 彈柔軟的麵包體，搭配有嚼勁的小熱狗配料，
加上以美乃滋、咖哩特調的醬料更為麵包整體味道加分。

Ingredients

數量：38 個（約 60g）

彈性：★★★★★
香味：★★★★★
嚼勁：★★★

隔夜種
高筋麵粉..............600g
新鮮酵母..................3g
蜂蜜........................50g
水 360g

主麵團
A 細砂糖..............150g
　 鹽 15g
　 奶粉...................60g
　 煉乳...................80g
　 乳酪.................100g
　 全蛋.................200g
　 鮮奶.................100g

B 高筋麵粉..........400g
　 新鮮酵母............27g
C 發酵奶油..........150g

咖哩餡
熱狗...................適量
咖哩粉..................適量
黑胡椒粒...............適量
美乃滋..................適量

1

咖哩餡

熱狗切小片，將所有材料混合均勻 **1**，即成咖哩餡 **2**。

2

隔夜種

隔夜種材料先用慢速攪拌均勻，改中速攪拌至光滑狀，室溫（約 28℃）發酵約 1 小時，再冷藏（約 4℃）發酵約 12-15 小時。

3

攪拌混合

將【作法 2】、材料 A 用慢速拌勻，再加入材料 B 慢速拌勻後，改快速攪拌至光滑有彈性，加入發酵奶油攪拌至有彈力即可。

4

基本發酵

將麵團放入容器中，基本發酵約 40 分鐘後，翻麵再繼續發酵約 20 分鐘。

5

分割滾圓、中間發酵

將麵團分割（約 60g×38 個），切口往底部收合滾圓，蓋上發酵布，中間發酵約 30 分鐘。

6

整型、最後發酵

將麵團輕拍後用擀麵棍由中間朝上、下擀成長方片狀 **3 4**，翻面，底部兩端稍壓延開（幫助黏合）**5**，從上往下捲起 **6** 至底成長條狀 **7**，鬆弛約 5-10 分鐘。

7

搓揉成細長條 **8**，再將麵團兩端呈反方向滾動扭轉 **9**，將兩端交叉順勢旋動捲成麻花狀 **10**，尾端捏合，扭轉端拉出圓圈 **11** 並將尾端盤繞到底收合 **12 13** 成型，放入圓形紙模中 **14**，最後發酵約 30 分鐘 **15**。

8

間隔排放烤盤中 **16**，表面薄刷全蛋液 **17**，在中間隆起處鋪放上咖哩餡 **18**，擠上美乃滋。

9

烘焙、裝飾

放入烤箱，以上火 190℃／下火 200℃，烤約 10 分鐘，轉向再繼續烤約 4 分鐘，出爐。

彎月小牛角

不同一般的奶油餐包，味道更加香醇、更帶口感，
單吃或是搭配任何食材夾餡，都相當的美味。

Ingredients

數量：27 個（約 80g）

彈性：★★★★★
香味：★★★★
嚼勁：★★★

麵團

A　高筋麵粉..........900g
　　法國粉 100g
　　細砂糖 150g
　　鹽 15g
　　優格................100g
　　乳酪.................50g
　　奶粉.................30g
　　蜂蜜.................30g

　　新鮮酵母............30g
　　鮮奶.................300g
　　全蛋.................100g
　　水....................250g
B　發酵奶油..........120g

表面裝飾

杜蘭小麥粉............適量

內餡

美乃滋 ....適量
玉米粒 ....適量
海苔粉 ....適量

1
攪拌混合

將材料 A 用慢速攪拌融合成團，改快速攪拌至有彈性，再加入發酵奶油慢速拌勻後，轉快速攪拌至光滑有彈力即可。

2
基本發酵

將麵團放入容器中，基本發酵約 40 分鐘後，翻麵再繼續發酵約 20 分鐘。

3
分割滾圓、中間發酵

將麵團分割（約 80g×27個），切口往底部收合滾圓，蓋上發酵布，中間發酵約 30 分鐘。

※滾圓的麵團收合口須確實貼合，再靜置鬆弛讓麵團內緊縮的麵筋恢復到穩定狀態，以利後續的整型延展。

4
整型、最後發酵

麵團表面輕沾拍上橄欖油 **1**、翻面，從近身處往上方對折 **2**，將麵皮收合於底 **3**。再從中間搓揉 **4**、朝左右兩端揉動成一端粗一端細長水滴狀 **5**。

※ **11** 麵團搓太緊烘烤時易出現裂痕，捲製時輕輕均衡的搓起即可。

5

轉向縱放，一手固定較粗一端、另一手拉起較細底端 **6**，再以擀麵棍由中間朝下邊擀壓邊延展拉開到底 **7**，再朝上擀壓平 **8**。接著從上而下捲起至底 **9 10 11**，收合於底，成牛角型定型 **12**，表面薄刷全蛋液 **13**、沾上杜蘭小麥粉 **14**，收口朝下放置 **15**，最後發酵約 30-40 分鐘 **16**。

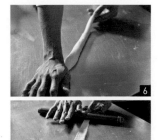

6
烘焙、裝飾

放入烤箱，以上火 185℃／下火 200℃，烤約 12 分鐘，轉向再繼續烤約 6-8 分鐘，出爐。

7

待冷卻，從中間直切劃開，抹上美乃滋，放入玉米粒、撒上海苔粉即可。

檸檬奶油布里歐

使用了大量的奶油、蛋揉入麵團，質地如海綿般細緻，
內裡包覆自製的檸檬奶油餡，特有的檸檬清香味，
濕潤濃郁，瀰漫奶油香甜味，香甜適中的滋味相當可口。

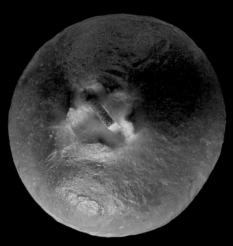

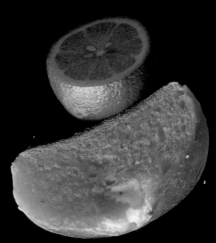

數量：38 個（約 60g）

彈性：★★★★★
香味：★★★★
嚼勁：★★★

Ingredients

麵團

A 高筋麵粉........1000g
　 鹽 18g
　 細砂糖 160g
　 新鮮酵母 30g
　 鮮奶 300g
　 蜂蜜 30g
　 全蛋 250g
　 蛋黃 100g
　 水 100g
B 發酵奶油 300g
　 檸檬皮屑 20g

檸檬奶油餡

A 鮮奶 500g
　 發酵奶油 80g
　 香草棒 .... 1 支
B 細砂糖 80g
　 全蛋 100g
　 蛋黃 100g
C 玉米粉 10g
　 低筋麵粉 60g
D 檸檬汁 15g

How To Make

1
檸檬奶油餡

作法參見 P135。

※做好的餡質地若太過柔軟，
　可再冷藏待稍變硬後取出使
　用，方便包餡操作。

2
攪拌混合

將材料 A 用慢速攪拌融合
成團，改快速攪拌至有彈
性，再加入發酵奶油慢速
拌勻後，轉快速攪拌至光
滑有彈性，加入檸檬皮屑
拌勻即可。

3
基本發酵

將麵團放入容器中，基本
發酵約 40 分鐘後，翻麵再
繼續發酵約 20 分鐘。

4
分割滾圓、中間發酵

將 麵 團 分 割（ 每 個 約
60g×38 個），切口往底部
收合滾圓，蓋上發酵布，
中間發酵約 30 分鐘。

5
整型、最後發酵

將麵團滾圓 **1**、稍拍扁
2，放上檸檬奶油餡（約
15g）**3**，將麵皮拉整收
合 **4**，捏折收口整成圓球
狀，收口朝下，放入圓形
紙模中 **5**，最後發酵約 30
分鐘 **6**，表面薄刷全蛋液
7，用剪刀剪出十字切口
8 **9**，切口中放上少許奶
油 **10**。

※在表面切劃出十字刀口能增
　加膨脹力，避免受熱太快。

6
烘焙、裝飾

放入烤箱，以上火 185℃
／下火 190℃，烤約 10-12
分鐘，轉向再繼續烤約 4-6
分鐘，出爐 **11**，待稍冷
卻，放上檸檬片（或檸檬
絲）。

113

義式黃金麵包

柔軟細緻的口感，八角星形特殊造型，是此款麵包的特色，
口味濃醇而口感輕盈，內層柔軟的質地極其順口，
是款帶有金黃色澤與奢華風味，義大利著名的聖誕麵包。

數量：13 個（約 180g）

彈性：★★★★★
香味：★★★★
嚼勁：★★★

Ingredients

隔夜種

高筋麵粉	500g
法國粉	200g
新鮮酵母	5g
蛋黃	300g
全蛋	100g
鮮奶	150g

主麵團

A	蜂蜜	30g
	細砂糖	120g
	鹽	15g
	奶粉	60g
	鮮奶	100g
	水	50g
B	高筋麵粉	300g
	新鮮酵母	25g
C	發酵奶油	300g
	白巧克力	150g

表面裝飾

糖粉	適量

How To Make

1
隔夜種

隔夜種材料先用慢速攪拌均勻，改中速攪拌至接近光滑狀態，室溫（約 28℃）發酵約 1 小時，再冷藏（約 4℃）發酵約 12-15 小時。

2
攪拌混合

將【作法 1】、材料 A 用慢速拌勻，再加入材料 B 慢速拌勻，改快速攪拌至有彈性，分次加入發酵奶油慢速拌勻後，改快速攪拌至光滑有彈性，最後加入白巧克力拌勻即可。

※ 發酵奶油分兩次加入拌勻，攪拌時溫度要控制在 14-15℃左右，避免溫度過高影響口感。

3
基本發酵

將麵團放入容器中，基本發酵約 40 分鐘後，翻麵再繼續發酵約 20 分鐘。

4
分割滾圓、中間發酵

將麵團分割（約 180g×13 個），切口往底部收合滾圓，蓋上發酵布，中間發酵約 30 分鐘。

5
整型、最後發酵

將麵團用手掌均勻輕拍 1，翻面，從近身端往上對折 2，將麵皮往底部收合 3，輕拍壓 4，翻面、轉向縱放，再對折 5，將麵皮往底部收合，滾動整型成圓球狀 6，收口朝上、放置模型中 7 稍壓平均，最後發酵約 30 分鐘 8。

6
烘焙、裝飾

放入烤箱，以上火 185℃／下火 200℃，烤約 12 分鐘，轉向再繼續烤約 4-6 分鐘，出爐，待冷卻脫模，篩灑上糖粉裝飾即可。

布里歐皇冠吐司

使用鮮奶、蛋,不加水的奢華型布里歐麵包。
風味相當綿密濃郁,吃起來滑潤順口,
濃郁奶油香味,濕潤芳香,極其口感享受的麵包。

蜜戀芒果吐司

此款吐司帶有乳酪起司的清香風味，質地軟柔，
芒果丁分布在麵包裡，香甜柔軟，口感非常的棒！

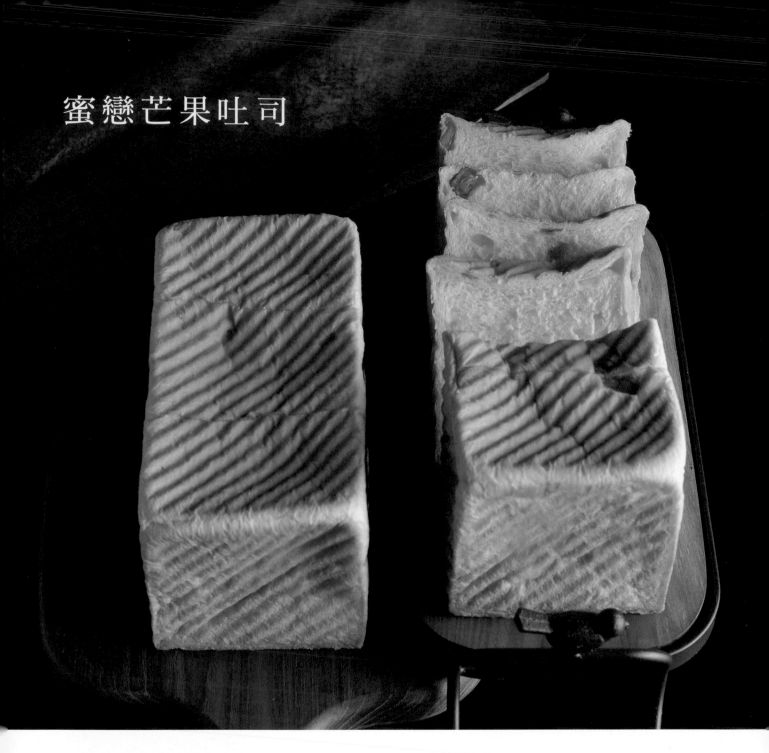

蜜戀芒果吐司

數量：4 個（約 480g）

彈性：★★★★★
香味：★★★
嚼勁：★★★★

Ingredients

隔夜蜂蜜種

高筋麵粉.............600g
新鮮酵母.................3g
蜂蜜......................50g
水.........................360g

主麵團

A 細砂糖.............160g

鹽.....................18g
蛋黃.................100g
鮮奶.................150g
水.....................150g
B 高筋麵粉.........400g
新鮮酵母...........27g
C 發酵奶油..........120g
切丁芒果丁......200g

1
隔夜蜂蜜種

隔夜蜂蜜種材料先用慢速攪拌均勻，改中速攪拌至光滑狀，室溫（約28℃）發酵約1小時，再冷藏（約4℃）發酵約12-15小時。

2
攪拌混合

將【作法1】、材料A用慢速拌勻，再加入材料B慢速拌勻後，改快速攪拌至光滑有彈力，加入發酵奶油拌勻，最後加入芒果丁拌勻。

3
基本發酵

將麵團放入容器中，基本發酵約40分鐘後，翻麵再繼續發酵約20分鐘。

4
分割滾圓、中間發酵

將麵團分割（約160g×14個），切口往底部收合滾圓，蓋上發酵布，中間發酵約30分鐘。

5
整型、最後發酵

將麵團輕拍後用擀麵棍由中間朝上、下擀成長方片狀 1 2，翻面，底部兩端稍壓延開（幫助黏合）3，從上往下捲起 4 5 至底成長條狀，鬆弛約15分鐘 6 。

6

將麵團縱向直放，從中間朝上、下擀成長條片狀 7 8，翻面，底部兩端稍壓延開（幫助黏合）9，從上而下捲起至底 10 11 成圓筒狀，以3個為組、並將漩渦收口呈相同方向 12，放入模型中（12兩吐司模）13，最後發酵約40-50分鐘（約模高8-9分滿）14，蓋上上蓋 15。

※ 12 將3個麵團的漩渦收口以同方向排入模型中。

※ 當麵團膨脹到佔滿模型，輕觸麵團表面時帶有張力就是理想的發酵狀況了。

7
烘焙、脫模

放入烤箱，以上火210℃／下火210℃，烤約15分鐘，轉向再繼續烤約15分鐘，出爐、脫模。

黑爵甜吉手撕吐司

麵團內包捲綿密香甜的地瓜餡、表面沾覆可可粉增色提味，
柔軟的口感加上香甜的地瓜香氣，交織出多層的豐富美味。

黑爵甜吉手撕吐司

Ingredients

數量：7 個（約 280g）

彈性：★★★★★
香味：★★★
嚼勁：★★★★

麵團

A 高筋麵粉........1000g
　細砂糖 150g
　鹽 15g
　全蛋................100g
　蛋黃..................50g
　奶油乳酪........100g
　優格..................50g
　鮮奶................300g

　奶粉..................40g
　水 200g
　新鮮酵母............30g
B 發酵奶油..........120g

表面裝飾

可可粉 ....適量

地瓜餡

地瓜泥 800g
細砂糖 120g
鹽 ....少許
動物鮮奶油 120g
發酵奶油..............120g

1

地瓜餡

將搗壓成泥的地瓜與其他材料混合均勻 。

2

攪拌混合

將所有材料 A 用慢速攪拌至聚合成團，改快速攪拌至有彈性，再加入發酵奶油慢速拌勻至光滑有彈性即可。

3

基本發酵

將麵團放入容器中，基本發酵約 40 分鐘後，翻麵再繼續發酵約 20 分鐘。

4

分割滾圓、中間發酵

將麵團分割（約 280g×7 個），切口往底部收合滾圓，蓋上發酵布，中間發酵約 30 分鐘。

5

整型、最後發酵

將麵團輕拍後用擀麵棍由中間朝上、下擀成長方片狀  ，翻面，底部兩端稍壓延開（幫助黏合），再從近身端朝上翻折 ，用切麵刀等距壓切出切口 ，再攤開回原來片狀 。

6

在切口前端部分抹勻地瓜餡（約 30-40g），從上往下捲起   至底成長條狀 。表面沾裹勻可可粉 ，拍除多餘的粉末 ，收口朝下，放入鋁箔模型中 ，最後發酵約 30 分鐘 。

※篩上可可粉為增色目的，直接篩上可可粉即可（一般可可粉即可），不需先噴水或刷蛋液，否則會糊掉，影響美觀。

7

烘焙、脫模

放入烤箱，以上火 185℃／下火 200℃，烤約 15 分鐘，轉向再繼續烤約 10 分鐘，出爐。

榛果黑芝麻花卷

添加榛果與黑芝麻,風味香醇無比的吐司麵包。
把麵團搓揉成條後扭轉編結或編辮,沾覆黑芝麻,
展現出層次,不同變化的美麗造型讓你隨手變化!

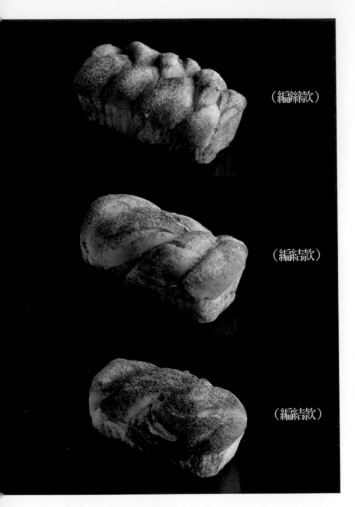

（編辮款）

（編結款）

（編結款）

數量：8 個（約 280g）

彈性：★★★★★
香味：★★★
嚼勁：★★★

1
榛果餡

將奶油乳酪、蜂蜜先拌勻後，加入榛果醬、榛果粉混合拌勻 **1**。

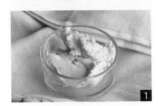

2
攪拌混合

將材料 A 用慢速攪拌融合成團，改快速攪拌至有彈性，再加入發酵奶油慢速拌勻後，轉快速攪拌至光滑有彈力即可。

3
基本發酵

將麵團放入容器中，基本發酵約 40 分鐘後，翻麵再繼續發酵約 20 分鐘。

4
分割滾圓、中間發酵

將麵團分割（約 280g×8 個），切口往底部收合滾圓，蓋上發酵布，中間發酵約 30 分鐘。

5
整型、最後發酵

將麵團輕拍後用擀麵棍由中間朝上、下擀成長方片狀 **2 3**，翻面，底部兩端稍壓延開（幫助黏合）**4**，在麵皮前半部分抹上榛果餡（20g）**5**，從上往下捲起 **6 7** 至底。

Ingredients

麵團

A 高筋麵粉........1000g
　細砂糖 150g
　鹽 15g
　全蛋.................100g
　蛋黃.................50g
　乳酪.................100g
　鮮奶.................300g
　水 250g
　奶粉.....................40g
　蜂蜜.....................40g
　新鮮酵母............30g
B 發酵奶油..........120g

榛果餡

奶油乳酪...............250g
蜂蜜.......................30g
榛果醬.....................50g
榛果粉.....................20g

表面裝飾

黑芝麻粉...............適量

6

編結款。將麵團一端稍按壓，用切麵刀從上端壓切開到底（上端預留，不切斷）**8 9**，再將麵團斷面朝上、以交叉編結的方式 **10 11 12**，編結至底成型 **13**、壓合收口 **14**，表面沾上黑芝麻粉 **15 16**，放入模型（水果條），最後發酵約30分鐘。

※編結時將切口斷面朝上編辮，烤好的型體會較有明顯的層次紋路；若是表面皮朝上則會較平扁沒有層次。

7

編辮款。將麵團依法壓切成3等分 **17**，將麵團斷面朝上、以編辮的方式，將麵團由A往B、C往A、B往C，依序編辮到底 **18 19 20 21 22 23**，收合於底、成辮子型，兩端稍密合 **24**，表面沾上黑芝麻粉 **25**，放入模型 **26**，最後發酵約30分鐘 **27**。

8

烘焙、裝飾

放入烤箱，以上火185℃／下火200℃，烤約15分鐘，轉向再繼續烤約8分鐘，出爐 **28**。

※出爐後重敲一下模型，排出積存在麵包裡的多餘水蒸氣，並倒扣脫模置涼。

迷霧黑可可巧森

麵團裡揉進巧克力，外層淋覆巧克力、灑上巧克力屑，
由裡到外，層層的巧克力滋味，濃情 100%巧克力麵包。

數量：7 個（約 300g）

彈性：★★★★★
香味：★★★
嚼勁：★★★★

Ingredients

麵團

A 高筋麵粉........1000g
　細砂糖.............180g
　鹽.....................15g
　可可粉...............10g
　軟質巧克力......100g
　水.....................550g
　全蛋.................50g

　蜂蜜...................30g
　新鮮酵母............30g
B 發酵奶油..........120g

表面裝飾

深黑巧克力............適量
牛奶巧克力............適量

How To Make

1
攪拌混合

將所有材料 A 用慢速攪拌
至聚合成團，改快速攪拌
至有彈性，加入發酵奶油
慢速拌勻後轉快速攪拌至
光滑有彈性即可。

2
基本發酵

將麵團放入容器中，基本
發酵約 40 分鐘後，翻麵再
繼續發酵約 20 分鐘。

3
分割滾圓、中間發酵

將麵團分割（約 150g×14
個），切口往底部收合滾
圓，蓋上發酵布，中間發
酵約 30 分鐘。

4
整型、最後發酵

將麵團輕拍後用擀麵棍由
中間朝上、下擀成長方片
狀 1，翻面，底部兩端稍
壓延開（幫助黏合），從上
往下捲起至底 2 成長條狀
3，靜置鬆弛。再搓揉均
勻 4，2 條為組並以收口
朝下、漩渦呈反方向 5，
放入噴好烤盤油的模型中
6 7，最後發酵約 30 分
鐘（至約 8 分滿）8，刷
上全蛋液 9。

5
烘焙、裝飾

放入烤箱，以上火 185℃
／下火 200℃，烤約 12-15
分鐘，轉向再烤約 6-8 分
鐘，出爐、脫模。

6

將巧克力隔水加熱融化
10，均勻淋覆在表面 11
12，撒上巧克力屑裝飾即
可 13

※表面裝飾也可用糖粉來裝
飾。

星空黑可可巧森

數量：8 個（約 260g）

彈性：★★★★★
香味：★★★
嚼勁：★★★★

延伸款

Ingredients

麵團材料與 P132
「迷霧黑可可巧森」
相同。

How To Make

1
攪拌混合

基本麵團的製作參見
P132-133 迷霧黑可可巧
森。

2
分割滾圓、中間發酵

將麵團分割（約 260g×8
個），切口往底部收合滾
圓，蓋上發酵布，中間發
酵約 30 分鐘。

3
整型、最後發酵

將麵團用手掌均勻輕拍
1，翻面，對折 **2**，將麵
皮往底部收合，滾動麵團
使收口朝下 **3**。

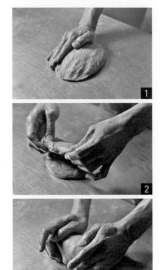

4

轉向縱放，輕拍壓 **4**，再
從近身端往上端對折 **5**
後，將麵皮往底部滾動收
合，使收口朝下收合 **6**、
滾圓成型 **7**，收合口朝
上，放入噴好烤盤油的八
角模中 **8**，最後發酵約 30
分鐘（至約 8 分滿），表面
鋪放烤焙紙、壓蓋另一烤
盤 **9**。

5
烘焙、裝飾

表面壓烤盤，放入烤
箱，以上火 200℃／下火
220℃，烤約 12 分鐘，轉
向再烤約 8 分鐘，出爐、
脫模。

※八角模型的質地較一般烤
模厚，烘烤時下火可調至
220-230℃。

基本克林姆餡——
檸檬奶油餡

Ingredients

A 鮮奶...............500g
　發酵奶油...........80g
　香草棒.............1 支
B 細砂糖.............80g
　全蛋..............100g
　蛋黃..............100g
C 玉米粉.............10g
　低筋麵粉...........60g

※檸檬汁可加或不加，
　不加則為原味奶油
　餡。做好的餡質地若
　太過柔軟，可再冷藏
　待稍變硬後取出使
　用，方便包餡操作。

How To Make

1 鮮奶、奶油加熱煮沸　2 香草棒橫剖開，刮取香草籽。　3 將香草籽及香草棒放　4 全蛋、蛋黃先攪拌均
　至完融化。　　　　　　　　　　　　　　　　　　　　入 1 中，轉小火煮沸。　　勻。

5 加入細砂糖拌勻。　6 最後加入混合過篩的粉類拌勻至無顆粒。　7 將香草牛奶 3 分次倒　8 邊倒邊攪拌混合。
　　　　　　　　　　　　　　　　　　　　　　　　　　　入 6 中。

9 再回煮至沸騰。　10 呈濃稠狀態，熄火。　11 倒入平烤盤中。　12 表面抹上少許油避免　13 再加入檸檬汁拌勻即
　　　　　　　　　　　　　　　　　　　　　　　　　　　乾燥，待完全冷卻。　　成檸檬奶油餡。

Breads.3

自然芳香的
天然酵母麵包

用自製蘋果、水梨、香吉士等水果發酵的天然酵母，
混合單純的穀物麵粉揉和製作，經以長時間的醞釀發酵，
烘烤出的麵包散發著深厚有層次的自然甜味香氣，
細細嚼咀越是能感受，芳醇香氣與豐富層次的奧妙，
獨特芳醇的美味，這就是天然酵母麵包的魅力！

3 天然酵母液培養—— 水梨酵母液

Ingredients

新鮮水梨...............500g
水........................350g
蜂蜜.....................30g
細砂糖...................30g

How To Make

準備材料

水梨刨除外皮，用熱水（約 50℃）稍泡過，再刨成細絲。

混合均勻

水梨絲及所有其他材料放入瓶罐中攪拌混合均勻。

蓋緊瓶蓋密封，上下稍微搖晃混合。

1 Day

側面　　　　　　表面

靜置於室溫（約 26-28℃）發酵（水呈透明狀沒明顯變化）。

2 Day

側面　　　　　　表面

每天上下搖晃瓶子一次，並打開瓶蓋讓瓶內的氣體排出，讓新鮮空氣進入，再放室溫發酵（出現小氣泡，顏色開始變化）。

每天搖晃 1-2 次，讓水梨絲均勻分布，稍待再打開瓶蓋釋放瓶內氣體。

3-7 Day

側面　　　　　　表面

水梨絲會向上浮起，液體會變得混濁，產生大量的氣泡，並散發出水果發酵的香氣。水梨酵母液即培養完成。

用網篩濾出水梨酵母液即可使用。

4 天然酵母液培養——
香吉士酵母液

Ingredients

新鮮香吉士 150g
水 300g
蜂蜜 100g

How To Make

準備材料

將洗淨的香吉士用熱水（約 50℃）稍泡過，切成圓片狀。

混合均勻

香吉士及所有其他材料放入瓶罐中攪拌混合均勻。

稍微攪拌即可，不需要過度充分的攪拌，這樣可讓蜂蜜更完全的被酵素吸收利用。

蓋緊瓶蓋密封，上下稍微搖晃混合。

1 Day

靜置於室溫（約 26-28℃）發酵（水呈透明狀沒明顯變化）。

2 Day

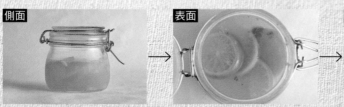

每天上下搖晃瓶子一次，並打開瓶蓋讓瓶內的氣體排出，讓新鮮空氣進入，再放室溫發酵（出現小氣泡，顏色開始變化）。

每天搖晃 1-2 次，讓香吉士均勻分布，稍待再打開瓶蓋釋放瓶內氣體。

3-7 Day

香吉士會向上浮起，液體會變得混濁，產生大量的氣泡，並散發出水果發酵的香氣。香吉士酵母液即培養完成。

用網篩濾出香吉士酵母液即可使用。

蜜蘋天使法國圈

單純的使用蘋果酵種來提引麵包的美味，
口味甘醇，內層口感濕潤柔軟，
麵包的質地充滿嚼勁，越嚼越能散發出獨特的香氣風味。

數量：12 個（約 150g）

彈性：★★★
香味：★★★★
嚼勁：★★★★★

Ingredients

蘋果酵種
蘋果酵母液...........350g
法國粉.................500g
速溶乾酵母.............1g

主麵團
A 水 400g
　 細砂糖..............10g
　 鹽...................21g
B 法國粉............100g
　 裸麥粉............100g
　 高筋麵粉..........300g

How To Make

1
蘋果酵種

將所有材料攪拌均勻至無粉粒狀聚合成團，放入容器中，蓋上盒蓋密封，靜置室溫（約 26-28℃）發酵約 1 小時，待麵團發酵膨脹，再移置冰箱冷藏發酵 12-15 小時後隔天使用。

※P138-139 完成的蘋果酵母液約 350g；若有損耗不足 350g 時可加水來補足該有的份量。

2
攪拌混合

將蘋果酵種、材料 A 先用慢速攪拌融合，再加入材料 B 拌勻後改快速攪拌至有筋度具彈性即可。

3
基本發酵

將麵團放入容器中，基本發酵約 120 分鐘後，翻麵再繼續發酵約 120 分鐘。

4
分割滾圓、中間發酵

將麵團分割（約 150g×12 個），切口往底部收合滾圓，蓋上發酵布，中間發酵約 40 分鐘。

5
整型、最後發酵

將麵團輕拍後  用擀麵棍由中間朝上、下擀成長方片狀 ，翻面，底部兩端稍壓延開（幫助黏合），從上往下捲起至底成長條狀 ，鬆弛約 10-15 分鐘。

6

從中間朝左右兩端揉動  成粗細均勻長狀 ，用擀麵棍擀平一端 ，繞成圈與另一端疊合 ，捏緊收口  整型成圓環狀，放置折凹槽的發酵布上，覆蓋上發酵布，最後發酵約 40 分鐘，表面篩灑上裸麥粉 ，用割紋刀在四邊各切割一刀 。

7
烘焙、裝飾

放入烤箱，入爐後蒸氣 1 次，3 分後蒸氣 1 次，以上火 250℃／下火 200℃，烤約 18 分鐘，出爐。

香蘋巴塔法國

使用蘋果酵母液，法國粉與穀物粉的香氣，
和帶微酸味的優格非常對味，能烘托出蘋果天然的美味，
外皮香脆，內部柔軟綿密，是款質厚實而富嚼勁的麵包。

數量：6個（約300g）

彈性：★★★★
香味：★★★★
嚼勁：★★★★★

How To Make

Ingredients

麵團

A 蘋果酵母液 300g
B 法國粉 800g
　 穀物粉 100g
　 高筋麵粉 100g
　 細砂糖 20g
　 速溶乾酵母 6g
　 鹽 20g
　 優格 100g
　 水 300g

表面裝飾

裸麥粉 ....適量

1
蘋果酵母液

參見 P138-139 蘋果酵母液
的作法，以同樣方式製作。

2
攪拌混合

將蘋果酵母液、材料 B 用
慢速攪拌融合，改快速攪
拌至有筋度具彈性即可。

3
基本發酵

將麵團放入容器中，基本
發酵約 60 分鐘後，翻麵再
繼續發酵約 40 分鐘。

4
分割滾圓、中間發酵

將麵團分割（約 300g×6
個），拍平折成長條狀，蓋
上發酵布，中間發酵約 40
分鐘。

5
整型、最後發酵

將麵團用手掌均勻輕拍
1，翻面，從外側朝中間
折 1/3，按壓緊接合處向內
捲塞 **2**，向內層捲塞 **3** 3
折至底成條狀 **4** 最後將收
口處用按壓緊密，滾動揉
成粗細均勻長狀 **5** **6**。

6

放置折凹槽的發酵布上
7，覆蓋上發酵布，最後
發酵約 30 分鐘，篩上裸
麥粉 **8**，用割紋刀斜劃出
4-5 道切口 **9**，再由側底
邊斜劃一刀 **10**。

7
烘焙、裝飾

放入烤箱，入爐後蒸氣 1
次，3 分後蒸氣 1 次，以上
火 250℃／下火 200℃，烤
約 15-18 分鐘，出爐。

凱旋花冠麵包

搭配水果酵母液，混合多種穀物粉，麥香純然，
外皮酥脆，內裡 Q 軟，加上核桃與果乾增添口感，
香氣口感十足，造型迷人的歐風花冠麵包。

數量：6個（約300g）

彈性：★★★★
香味：★★★★
嚼勁：★★★★★

Ingredients

麵團

A 水梨酵母液 200g
B 法國粉 700g
　　穀物粉 100g
　　高筋麵粉..........100g
　　全麥粉 100g
　　黑糖...................30g
　　鹽 18g
　　速溶乾酵母 3g
　　水 500g
C 葡萄乾 100g
　　核桃.................100g

表面裝飾

裸麥粉 ....適量

How To Make

1
水梨酵母液

參見 P140 水梨酵母液的
作法，以同樣方式製作。

2
攪拌混合

將水梨酵母液、材料 B 用
慢速攪拌融合成團，改快
速攪拌至有彈性，再加入
材料 C 慢速拌勻即可。

3
基本發酵

將麵團放入容器中，基本
發酵約 120 分鐘後，翻麵
再繼續發酵約 60 分鐘。

4
分割滾圓、中間發酵

將麵團分割（約 300g×6
個），拍平折成長條狀，蓋
上發酵布，中間發酵約 40
分鐘。

5
整型、最後發酵

將麵團再分割成 200g、
100g。將麵團 200g 輕拍
均勻 **1**，翻面，從外側朝
中間折 1/3，用手部末端按
壓緊接合處向內捲塞 **2**，
向內層捲塞 **3**，3 折至底
成條狀 **4** 最後將收口處用
按壓緊密，滾動揉成粗細
均勻長狀 **5**。

6

將麵團（100g）輕拍均勻 6，分割成 2 等份 7，分別輕拍壓平 8，對折捲起至底 9、搓揉成細長條狀 10，鬆弛約 5 分鐘，2 條為組交叉扭轉成麻花狀 11。

7

將【作法 5】麵團收口朝上，用擀麵棍在中間按壓出溝槽 12，在溝槽中放上【作法 6】並在兩端捏合 13 收口 14 15，成型 16，翻面 17，用擀麵棍擀平 18 19，繞成圈與另一端疊合 20，捏緊收口 21 整型成環狀 22。

8

裝飾表面朝下，放置折凹槽的發酵布上 23，最後發酵約 40 分鐘，篩上裸麥粉 24，並在圓周側各劃刀 25。

※ 23 注意麵團放置發酵帆布時，以底部朝上、表面朝下放置，表面成形的紋路才會明顯。

9

烘焙、裝飾

放入烤箱，入爐後蒸氣一次，3 分後蒸氣一次，以上火 250℃／下火 200℃，烤約 18 分鐘，出爐。

蜜梨鄉村法國

添加水梨酵母液，嚐得到麵粉與原味的甘甜，
在樸質的麵團中加入香甜鬆軟的地瓜，非常對味，
別有一番風味，也適合搭配料理一起食用。

數量：8 個（約 250g）

彈性：★★★★
香味：★★★★
嚼勁：★★★★★

Ingredients

麵團

A 水梨酵母液 300g
B 法國粉 500g
　高筋麵粉...........400g
　裸麥粉 100g
　速溶乾酵母 6g
　細砂糖 80g
　鹽 18g
　奶粉 60g
　乳酪 100g
　鮮奶 200g
　水 200g
C 熟地瓜 100g

表面裝飾

裸麥粉 ....適量

How To Make

1
水梨酵母液

參見 P140 水梨酵母液的作法，以同樣方式製作。

2
攪拌混合

將水梨酵母液、材料 B 用慢速攪拌融合，改快速攪拌至有筋度具彈性即可。

3
基本發酵

將麵團放入容器中，基本發酵約 60 分鐘後，翻麵再繼續發酵約 40 分鐘。

4
分割滾圓、中間發酵

將麵團分割（約 250g×8 個），拍平折成長條狀，蓋上發酵布，中間發酵約 30 分鐘。

5
整型、最後發酵

將麵團 150g 用手掌均勻輕拍 **1**，翻面，從近身端往上對折 **2**，將麵皮往底部收合 **3**，輕拍壓，翻面、轉向縱放 **4**，再對折 **5**，將麵皮往底部收合，滾動麵團使收口朝下滾圓 **6**。

6

放置折凹槽的發酵布上，蓋上發酵布，最後發酵約 40 分鐘，將麵皮往底部收合塑整成橢圓狀 **7** **8**，篩灑上裸麥粉 **9**，切劃出網狀菱格紋 **10**。

7
烘焙、裝飾

放入烤箱，入爐後蒸氣 1 次，3 分後蒸氣 1 次，以上火 250℃／下火 200℃，烤約 15 分鐘，出爐。

國王皇冠麵包

運用香吉士所培養出的水果酵母液，
具獨特的滋味與香氣，越嚼越有味，
外觀看起來別緻特殊，風味口感絕佳的歐風麵包。

國王皇冠麵包

Ingredients

數量：6 個（約 280g）

彈性：★★★★
香味：★★★★
嚼勁：★★★★★

麵團

A 香吉士酵母液...360g
B 法國粉 600g
　全麥粉 200g
　高筋麵粉..........200g
　鹽 20g
　酸奶................100g
　鮮奶................300g
　蜂蜜..................60g
　速溶乾酵母 3g

How To Make

1
香吉士酵母液

參見 P141 香吉士酵母液的作法，以同樣方式製作。

2
攪拌混合

將香吉士酵母液、材料 B 用慢速攪拌融合成團，改快速攪拌至有彈性即可。

3
基本發酵

將麵團放入容器中，基本發酵約 120 分鐘後，翻麵再繼續發酵約 60 分鐘。

4
分割滾圓、中間發酵

將麵團分割（約 280g×6 個），拍平折成長條狀，蓋上發酵布，中間發酵約 40 分鐘。

5

整型、最後發酵

將麵團再分割成200g、80g 。將麵團200g輕拍均勻 ，翻面，從近身端往上對折 ，將麵皮往底部收合 ，輕拍壓 ，翻面、轉向縱放，再對折 ，將麵皮往底部收合，滾動麵團使收口朝下 。

6

將麵團（80g）輕拍均勻 ，分割成2等份 ，翻面，分別輕拍壓平 ，對折捲起至底 、搓揉成細長條 ，鬆弛約5分鐘，2條為組交叉扭轉成麻花狀  ，接合捏緊 。

7

將【作法6】扭結一端稍按壓平 ，繞成圈，疊合收口  成環狀，再套置在【作法5】的大麵團上 ，放置折凹槽的發酵布上 ，最後發酵約40分鐘 ，篩上裸麥粉 ，用剪刀在表面四周剪出4個v形狀 。

※若扭轉麵皮長度太長，可稍加裁切調整至適合的長度。

8

烘焙、裝飾

放入烤箱，入爐後蒸氣一次，3分後蒸氣一次，以上火250℃／下火200℃，烤約18分鐘，出爐。

吉香堅果麵包

使用香吉士酵母液，混合法國粉及穀物粉製成，
加入紅糖，以及葡萄乾及核桃，樸實口味中，
帶有甘醇而深沉的特色風味，極具魅力的鄉村麵包。

數量：14 個（約 150g）

彈性：★★★★★
香味：★★★
嚼勁：★★★★

Ingredients

麵團

A 香吉士酵母液...300g

B 法國粉 700g
　高筋麵粉..........200g
　穀物粉 100g
　速溶乾酵母 6g
　紅糖...................60g
　鹽 18g
　鮮奶.................400g
　水 100g

C 葡萄乾 200g
　核桃.................100g

表面裝飾

裸麥粉 ....適量

How To Make

1
香吉士酵母液

參見 P141 香吉士酵母液
的作法，以同樣方式製作。

2
攪拌混合

將香吉士酵母液、材料 B
用慢速攪拌融合，改快速
攪拌至有彈力，再加入材
料 C 拌勻即可。

※葡萄乾先用熱水汆燙過，再
　與核桃混合後加入麵團中攪
　拌有助於混合。

3
基本發酵

將麵團放入容器中，基本
發酵約 60 分鐘後，翻麵再
繼續發酵約 40 分鐘。

4
分割滾圓、中間發酵

將麵團分割（約 150g×14
個 ）長條狀，蓋上發酵
布，中間發酵約 30 分鐘。

5
整型、最後發酵

將麵團用手掌均勻輕拍
1，翻面，從上方往下輕
輕捲折2，以手指往內塞
捲折至底3，以雙手虎口
按住稍搓揉兩端4整成橄
欖狀，收口朝下、放置折
凹槽的發酵布上5，蓋上
發酵布，最後發酵約 30
分鐘，在表面篩上裸麥粉
6，以割紋刀在表面劃上
一道割紋，再從兩側對稱
切斜劃出 4 刀紋7成葉脈
形。

6
烘焙、裝飾

放入烤箱，入爐後蒸氣 1
次，3 分後蒸氣 1 次，以上
火 250℃／下火 200℃，烤
約 15 分鐘，出爐。

VARIETY BREAD

專業手感的自家烘焙，
原味飄香！

麵包職人經驗傳授，製作麵包的完整關鍵絕技，
從口感調配到具體呈現特有風味的發酵製作，
融合歐法與各國特色麵包風味的精髓，
掌握麵包製作的原理與技巧，
在家做出專業的極品風味！

Special thanks.
本書能順利的拍攝完成，特別感謝宜蘭橘子咖啡提供的設備場地，及高德生師傅的全程協助。

國家圖書館出版品預行編目（CIP）資料

陳共銘 專業手感極品風味麵包全書／陳共銘著 . -- 初版 .
-- 臺北市：原水文化出版：家庭傳媒城邦分公司發行，
2020.09
面；　公分 . --（烘焙職人系列；5）

ISBN 978-986-99456-0-8（平裝）

1. 點心食譜　2. 麵包

427.16　　　　　　　　　　　　　　109012713

烘焙職人系列 005

陳共銘 專業手感極品風味麵包全書

作　　　　者／陳共銘
特 約 主 編／蘇雅一
責 任 編 輯／潘玉女

行 銷 經 理／王維君
業 務 經 理／羅越華
總　編　輯／林小鈴
發　行　人／何飛鵬
出　　　版／原水文化
　　　　　　台北市民生東路二段 141 號 8 樓
　　　　　　電話：02-25007008　傳真：02-25027676
　　　　　　E-mail：H2O@cite.com.tw　Blog：http:citeh2o.pixnet.net/blog/
　　　　　　FB 粉絲專頁：https://www.facebook.com/citeh2o/
發　　　行／英屬蓋曼群島商家庭傳媒股份有限公司城邦分公司
　　　　　　台北市中山區民生東路二段 141 號 11 樓
　　　　　　書虫客服服務專線：02-25007718・02-25007719
　　　　　　24 小時傳真服務：02-25001990・02-25001991
　　　　　　服務時間：週一至週五 09:30-12:00・13:30-17:00
　　　　　　讀者服務信箱 email：service@readingclub.com.tw
劃 撥 帳 號／19863813　戶名：書虫股份有限公司
香 港 發 行 所／城邦（香港）出版集團有限公司
　　　　　　地址：香港灣仔駱克道 193 號東超商業中心 1 樓
　　　　　　Email：hkcite@biznetvigator.com
　　　　　　電話：(852)25086231　傳真：(852) 25789337
馬 新 發 行 所／城邦（馬新）出版集團
　　　　　　41, Jalan Radin Anum, Bandar Baru Sri Petaling,
　　　　　　57000 Kuala Lumpur, Malaysia.
　　　　　　電話：(603) 90578822　傳真：(603) 90576622
　　　　　　電郵：cite@cite.com.my

美 術 設 計／陳育彤
攝　　　影／周禎和
製　　　版／台欣彩色印刷製版股份有限公司
印　　　刷／卡樂彩色製版印刷有限公司

城邦讀書花園
www.cite.com.tw

初　　　版／2020 年 9 月 17 日
初 版 2.7 刷／2023 年 9 月 19 日
定　　　價／520 元

ISBN　978-986-99456-0-8